空调系统设计

亢　勇　主编

北京航空航天大学出版社

内 容 简 介

本书从空调基本理论,空调系统的分类与组成、设计技术要求、选择思路与设计技巧、自动控制设计方法、控制软件设计等方面进行了阐述。全书内容共分三大部分:第一部分(第1章~第4章)介绍了空调系统工艺设备的基础知识和选型配置原则等;第二部分(第5章~第6章)介绍了空调自动控制设计的技术要求和涉及的有关自动化仪表、自动调节的基础理论,以及自动控制设计的基本内容及方法、软件技术基础和方法等;第三部分(第7章)列举了与空调系统相关的标准和法规。本书旨在通过技术总结和经验传承,引导读者快速了解行业技术基础理论,设计流程、思路、方法和技巧。

本书适用于从事空调控制系统论证设计的专业技术人员,尤其是初入行业的技术小新参考使用。

图书在版编目(CIP)数据

空调系统设计 / 亢勇主编. -- 北京 : 北京航空航
天大学出版社,2023.10
ISBN 978 - 7 - 5124 - 4201 - 6

Ⅰ. ①空… Ⅱ. ①亢… Ⅲ. ①空调—系统设计 Ⅳ.
①TB657.2

中国国家版本馆 CIP 数据核字(2023)第 187252 号

空调系统设计
亢 勇 主编
策划编辑 刘 扬　责任编辑 孙玉杰
＊
北京航空航天大学出版社出版发行

北京市海淀区学院路 37 号(邮编 100191)　http://www.buaapress.com.cn
发行部电话:(010)82317024　传真:(010)82328026
读者信箱:qdpress@buaacm.com.cn　邮购电话:(010)82316936
北京富资园科技发展有限公司印装　各地书店经销
＊
开本:710×1 000　1/16　印张:11.25　字数:240 千字
2024 年 4 月第 1 版　2024 年 4 月第 1 次印刷
ISBN 978 - 7 - 5124 - 4201 - 6　定价:68.00 元

前　　言

空调给人们带来舒适宜居的环境,对人们的工作和生活起到了重要作用,是现代文明的象征。本书从空调基本理论、空调系统的分类与组成、自动控制设计方法和技巧、控制软件编制等方面进行论述。

作者长期从事自动控制系统规划论证设计,有着扎实的技术基础和丰富的设计经验,尤其是在空调控制系统方面,有 30 余项大型工程案例的经验,是本行业内的技术专家。

本书的编写基于作者多年的技术研究和工程设计经验,针对设计研究单位专业技术传承和引导需求。本书主要面向从事空调控制系统论证设计技术群体,尤其是初入本行业的技术新人,旨在通过技术总结和经验传承,辅助、引导读者快速了解行业技术基础理论,设计流程、思路、方法和技巧。

全书共分三大部分。第一部分包含第 1~4 章,介绍空调系统工艺设备的基础知识和选型配置原则,内容包括空调基本概念、空调系统组成和各种处理设备。第二部分包含第 5~6 章,介绍自动控制设计的基础知识和设计思想,内容包括自动控制设计的技术要求和涉及的有关自动化仪表、自动调节的基础理论、空调自动控制设计的基本内容及方法、软件技术基础和方法。第三部分,即第 7 章,列举了与空调系统相关的标准和法规,便于读者在工程设计当中查阅、比照。

本书由尤勇主编,李崧岳、姬小峰、雷刚、王天祥、董薇、袁启平、孙沂昆参与了本书的编撰和审校工作。

由于编者水平有限,书中难免存在错漏不妥之处,欢迎读者批评指正。

编　者
2023 年 5 月

目　　录

第1章 概 述

1.1 空气调节

为了使生产、生活与科研实验等正常进行,保证产品质量、仪表设备精度并满足劳动保护的要求,必须创造一个良好的空气环境。因此,生产环境、工作环境或生活空间内应具备适宜的"四度"——空气的温度、相对湿度、洁净度和气流速度。

空气调节(简称空调)技术是研究当室外空气状态发生变化时如何保持室内所要求的空气条件的一门工程技术。空气调节系统是用人为的方法处理室内空气的温度、湿度、洁净度和气流速度的系统。它可使某些场所获得具有一定温度、湿度和空气质量的空气,以满足使用者及生产过程的要求,改善劳动卫生和室内气候条件。通过空气调节系统的合理设计和配置,达到人体和生产工艺对室内空气的温度、湿度、洁净度等的要求,有利于提高劳动生产率、降低设备生命周期费用、增加经济效益,有利于保护工作人员身体健康,有利于保证和提高产品质量。要达成上述环境条件,就需要建立一套由空气处理、输送、分配等设备以及自动控制装置组成的、完整的空气调节系统。

空气调节设计方案应根据工艺要求以及建筑物的用途与功能、使用要求、冷热负荷构成特点、环境条件、能源状况等,结合现行国家相关卫生、安全、节能、环保等方针政策,会同相关专业通过综合技术经济比较确定。在设计中应当采用新技术、新工艺、新设备、新材料。

空气调节的目的有两个:一个是以满足工业生产工艺或产品对室内空气环境参数要求为目的的工艺性空气调节,工艺性空气调节是以满足工艺要求为主,室内人员舒适度为辅,具有较高的空气温度、湿度、洁净度等级要求的空调系统;另一个是以满足人体对室内空气热湿环境要求及健康要求为目的的舒适性空气调节。当主要研究对象为工艺性空气调节时,系统研究和设计的主要目标为满足生产工艺或产品对空气环境参数的要求。当设计空气环境有人员的工艺性空气调节时,设计目标为满足生产工艺对空气环境参数的要求,兼顾人员的舒适及健康要求。当建筑物中以满足人员的舒适性要求为主时,空气调节设计的依据为现行国家标准 GB 50736—2012《民用建筑供暖通风与空气调节设计规范》中的相关规定。

1.2　空气的物理性质

1．空气的组成

通常在自然界中，空气是由干空气和水蒸气组成的混合物，称为湿空气。在自然界中绝对的干空气是不存在的，空调系统中所指的空气是湿空气。

干空气主要由氮气（N_2）、氧气（O_2）、二氧化碳（CO_2）和少量稀有气体（如氦气、氖气和氩气等）组成，其质量比例为氮气占 75.55%、氧气占 23.10%、二氧化碳占 0.05%、其他稀有气体占 1.30%，其体积比例为氮气占 78.09%、氧气占 20.95%、二氧化碳占 0.03%、其他稀有气体占 0.93%。

此外，空气中还含有不同程度的灰尘、烟雾和微生物等杂质。

2．空气的状态参数

空气的物理性质不仅取决于其组成成分，而且也与其所处的状态有关。空气调节工程中常用的主要空气状态参数有：

(1) 压　　力

垂直作用在物体表面上的力称为压力（F）。物体单位面积上受到的压力称为压强（P），其定义式为

$$P = F/S$$

式中：F 表示压力，S 表示受力面积。压强的单位为帕斯卡（Pa），$1\ Pa = 1\ N/m^2$。

在工程上，人们往往习惯把压强简称为压力。在空调工程中，一般所说的"压力"也是如此。

(2) 大气压力

大气压力简称大气压，即大气的压强，国际单位为帕斯卡（Pa），以往常用单位有标准大气压（即物理大气压）（atm）、毫米汞柱（mmHg）、毫巴（mbar）等。

标准大气压通常是指在纬度 45°的海平面上当空气温度为 0 ℃时测得的平均大气压力。毫巴是以往气象工作中规定的一种大气压力计算单位。在工程上一般不用标准大气压，而用工程大气压（at）。

以上大气压单位之间的换算关系为

$$1\ atm = 760\ mmHg = 1\ 013.6\ mbar$$
$$1\ atm = 13.6 \times 10^3\ kg/m^3 \times 9.8\ N/kg \times 0.76\ m$$
$$= 101\ 325\ Pa$$
$$1\ at = 735.6\ mmHg = 980.6\ mbar$$
$$1\ at = 9.806 \times 10^4\ Pa = 1.0\ kgf/cm^2$$
$$1\ atm = 1.033\ 3\ at$$

在空调工程中,为了计算方便,以往常用毫米水柱(mmH$_2$O)作为大气压力的计算单位,1 mmH$_2$O＝9.8 Pa。

大气压是经常变化的。一般离海平面越高,大气压越小。在海平面以上 2 000 m 高度内,平均每升高 12 m,大气压降低约 1 mmHg。因此,在空调设计时,大气压作为设计输入条件,在不同地区其取值是有差异的。

(3) 水蒸气分压力

由于空气是由干空气和水蒸气组成的混合气体,因此大气压力等于干空气分压与水蒸气分压之和。

空气中的水蒸气占有与干空气相同的体积,它的温度等于空气的温度。显然,空气中水蒸气的含量越高,其分压也越大。因此,水蒸气分压的大小也是衡量空气湿度的一个参数指标,在空调设计中经常用到这个参数。

(4) 空气温度

温度通常用温标来量度。工程上一般用摄氏温标 t(℃)和热力学温标(也称绝对温标)T(K)。此外,还有华氏温标[①] F(℉)。各温标之间的换算关系为

$$T = 273.15 + t$$

式中:T 为绝对温度值,单位为开尔文(K);t 为摄氏温度值,单位为度(℃)。

$$F = \frac{9}{5}t + 32$$

式中:F 为华氏温度值,单位为华氏度(℉);t 为摄氏温度值,单位为度(℃)。

国际上还有一种用得较多的温标,即国际温标,它是一种使温度测量既精确又能复现,而且接近热力学温度的协议性法定温标。

① 干球温度:用温度计直接测量出来的空气温度称为干球温度(t_g)。

② 湿球温度:在温度计检测端部包上湿润的特制纱布所测得的空气温度称为湿球温度(t_s)。

在通常情况下,当空气处于未饱和状态时,湿球温度计检测端部包裹的湿纱布中的水分不断蒸发到空气中去,由于蒸发时吸收周围的热量,因此温度计示数下降。当空气对纱布的传热量等于蒸发水分所需热量时,湿球温度计的示数便是湿球温度。显然,在一定的干球温度下,空气的绝对湿度或相对湿度愈小,离空气饱和状态愈远,则干、湿球温差愈大。当空气处于饱和状态(相对湿度为 100％)时,则湿球温度等于干球温度。

应当指出的是,湿纱布周围的空气流动速度对湿球温度示数有一定影响。风速大,则湿纱布与周围空气热湿交换充分、测量误差小。风速一般应在 2.5 m/s 以上。

由于湿球温度 t_s 与空气的焓值有单值函数关系,故常以湿球温度作为空调自动控制工况转换的判断条件之一。

---

① 华氏温标是经验温标之一,在我国温标中已不再使用,1 ℉＝－17.22 ℃。

③ 露点温度：当空气含湿量保持不变，降低其温度，在呈饱和状态而刚刚出现冷凝水时（相对湿度为100%）的空气温度称为露点温度（t_d）。空调工程中使用的露点温度是机器露点温度。

(5) 空气湿度

空气中含水蒸气的多少是用湿度来表示的，湿度通常有以下几种表示方法。

① 绝对湿度：在1 m³ 空气中所含水蒸气的质量称为空气的绝对湿度。

② 含湿量：空气中与1 kg 干空气混合在一起的水蒸气的质量称为空气的含湿量（d）。空气的含湿量指的是水气含量而不是含水量。

③ 饱和绝对湿度：饱和空气的绝对湿度称为饱和绝对湿度。

④ 相对湿度：空气中实际水气压与当时温度下的饱和水气压之比称为相对温度（Relative Humidity，RH）。它反映了空气距饱和空气的程度，表示空气中的绝对湿度与同温度和气压下的饱和绝对湿度的比值，是一个百分比。也就是指某空气中所含水蒸气的质量与同温度和气压下饱和空气中所含水蒸气的质量之比，这个比值用百分数表示。

相对湿度表示空气中实际含有的水蒸气量所接近饱和状态的程度。若绝对湿度愈大，即水蒸气分压愈大，则相对湿度也愈大。当空气达到饱和状态时，相对湿度为100%。

相对湿度是影响生产工艺、产品质量以及人员舒适感的主要参数，因此也是空调自动控制设计中的主要测控参数之一。

(6) 空气的焓

焓是指空气中所含有的热量。空气的焓是指1 kg 干空气的焓和 $d/1\,000$（kg）水蒸气的焓的总和，用 h 表示，即

$$h = \left[1.005t + (2\,491.146 + 1.968t)\frac{d}{1\,000}\right] \text{kJ/kg}$$
$$= (1.005t + 2.491d + 0.002td)\text{kJ/kg} \tag{1.1}$$

式中：$1.005t + 0.002td$ 是空气的显热，显热随空气温度的变化而变化；$2.491d$ 是在温度不变的条件下，水在由液态变为气态的物理变化过程中所吸收的热量，称为汽化热，即潜热。

由式(1.1)可知，空气的焓值既与空气的温度 t 有关又与空气的含湿量 d 有关。这表明空气温度高时的焓值不一定比空气温度低时的焓值大，因为还要考虑空气的含湿量（湿度）大小。例如，温度与含湿量分别为 $t_1 = 25$ ℃、$d_1 = 5$ g/kg 与 $t_2 = 20$ ℃、$d_2 = 7$ g/kg 的空气的焓相等。在空调自动控制设计中，根据室外空气的始值变化进行工况转换，以实现节能。

(7) 空气粉尘浓度

空气粉尘浓度是指单位体积空气中粉尘的含量。当其单位以 F/L 表示时，称为计数浓度；当其单位以 mg/m³ 表示时，称为计重浓度。

计数浓度可表示为

$$n = \frac{N_t}{Lt}$$

式中：n 为计数浓度，单位为 F/L；N_t 为采样空气中各种粒径的粉尘纤维数，单位为 F；L 为空气采样量，单位为 L/min；t 为采样时间，单位为 min。

计重浓度可表示为

$$g = \frac{G_2 - G_1}{Lt} \times 1\,000$$

式中：g 为计重浓度，单位为 mg/m³；G_1、G_2 分别为采样前后滤纸的质量，单位为 mg；L 为空气采样量，单位为 L/min；t 为采样时间，单位为 min。

某些工作环境对空气含尘量有严格的要求，即洁净度要求。国内按空气粉尘浓度把空气洁净度划分为 100 级、1 000 级、10 000 级和 100 000 级 4 个等级。

根据对洁净度的要求，在空调系统中设置相应的空气过滤器。为保证空气过滤器正常有效地工作，对其效率要进行自动检测及报警。

第 2 章　空调系统的分类与组成

2.1　空调系统的分类

可从空调系统的用途、要求、特征、设置及使用情况等不同的维度对其进行分类，空调系统的分类如图 2.1 所示。

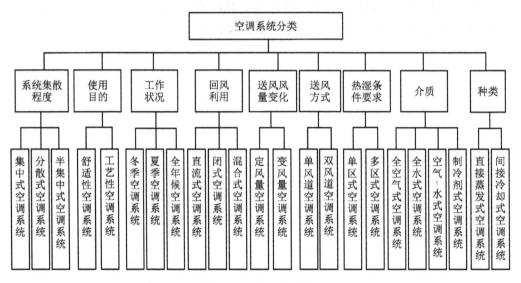

图 2.1　空调系统分类

1. 根据系统集散程度分类

(1) 集中式空调系统

集中式空调系统的所有空气处理设备、各功能段(风机、过滤器、加热器、冷却器、加湿器、减湿器和制冷机组等)都集中在空调机房内，先将空气按照指标要求进行集中处理，然后由送风机把处理后的空气经风道输送到各空调使用房间。这种空调系统处理空气量大，需要设集中冷源和热源。这类系统运行可靠，室内参数稳定，控制精度高，便于管理和维修，但由于设备集中在空调机房，因此机房占地面积大。专业的空调自动控制主要面向的测控对象是这类集中式空调系统。

(2) 分散式空调系统

分散式空调系统是将具备专一功能的空气处理设备、制冷机、风机等按照一定要求组合在一起构成的整体机组。该系统是将空气处理设备全部分散在空调房间内，如空调器（包括分离式）、恒温恒湿机组、冷风机组。通常使用的各种空调器就属于此类。空调器将空气处理设备、风机、冷热源和制冷剂输出系统都集中在一个箱体内。分散式空调系统只向室内输送冷热载体，而风在房间内的风机盘管内进行处理。这种系统的特点是将空调设备直接或就近安装于室内，功能简单，一般温湿度控制精度不高。

(3) 半集中式空调系统

半集中式空调系统也称为混合式空调系统，集中在空调机房的空气处理设备仅处理一部分空气，另外在分散的各空调房间内还有空气处理设备。它们或对室内空气进行就地处理，或对来自集中处理设备的空气进行补充再处理。诱导系统、风机盘管＋新风系统就是这种半集中式空调系统的典型例子。

2．根据使用目的分类

(1) 舒适性空调系统

舒适性空调系统的主要服务对象为室内人员，使用目的是为人与人的活动提供一个满足舒适性要求的室内空气环境。办公楼、住宅、宾馆、商场、餐厅和体育场馆等公共场所的空调系统都属于这一类。原卫生部依据《中华人民共和国传染病防治法》《公共场所卫生管理条例》和《突发公共卫生事件应急条例》等法律法规制定并颁布的《公共场所集中空调通风系统卫生管理办法》（卫监督发［2006］53 号）和与之相配套的 3 个技术规范所指的空调即为这一类空调系统。

(2) 工艺性空调系统

工艺性空调系统的使用目的是为研究、生产、医疗或检验等过程提供一个有特殊要求的室内环境。例如，电子车间、制药车间、食品车间、医院手术室、计算机房以及微生物实验室等使用的空调系统就属于这一类。这一类空调系统的设计主要以保证工艺要求为主，同时满足室内科研、生产、工艺及人员的舒适性要求。

3．根据工作状况分类

按工作状况可分为冬季、夏季及全年候空调系统。对于不同的系统，设备设置情况有所不同。

4．根据回风利用情况分类

(1) 直流式空调系统

直流式空调系统又称全新风空调系统，空调器全部利用室外空气处理为全新风，送到各房间进行热湿交换后全部排放到室外，没有回风管。这种系统卫生条件好，能耗大，经济性差，用于产生有害气体的车间、实验室等。

（2）闭式空调系统

闭式空调系统是处理的空气全部再循环，不补充新风的空调系统。该系统能耗小，卫生条件差，需要对空气进行氧气再生和备有二氧化碳吸式装置，如用于地下建筑及潜艇的空调等。

（3）混合式空调系统

混合式空调系统是送入空调系统房间的空气，一部分为室外空气（新风），另一部分则是室内再循环空气（回风）的空调系统。当使用回风时，又分为一次回风式和二次回风式空调系统。一次回风式空调系统是将回风加在各处理装置之前，并与新风混合后再进行处理。二次回风式空调系统是将回风分成两部分加入处理系统，一部分加在处理段之前，即一次回风；另一部分加在处理段之后，与处理后的空气混合，称为二次回风。采用回风可达到节能的目的，但操作和控制相对复杂。混合式空调系统兼有直流式和闭式空调系统的优点，应用比较普遍，如宾馆、剧场等场所的空调系统。

5．根据送风风量变化状况分类

按送风风量变化状况可分为定风量空调系统和变风量空调系统。

6．根据送风方式分类

按送风方式分类可分为单风道空调系统和双风道空调系统。

7．根据房间对热湿条件要求的调节功能分类

按房间对热湿条件要求的调节功能可分为单区式空调系统和多区式空调系统。

8．根据介质分类

（1）全空气式空调系统

全空气式空调系统是指空调房间的冷热负荷全部由经过处理的空气来承担。集中式空调系统就是全空气式空调系统。

（2）全水式空调系统

全水式空调系统是指空调房间的冷热负荷全部由水作为冷热介质来承担。该系统不能解决房间的通风问题，一般不单独采用。无新风的风机盘管属于这种系统。

（3）空气-水式空调系统

空气-水式空调系统是指空调房间的冷热负荷由空气和水来共同承担。风机盘管加新风系统属于这种系统。

（4）制冷剂式空调系统

制冷剂式空调系统是指空调房间的冷热负荷直接由制冷系统的制冷剂来承担。局部式空调系统属于这种系统。

9．根据种类分类

（1）直接蒸发式空调系统

该系统的制冷剂直接在冷却盘管内蒸发，吸取盘管外的空气热量。它适用于空

调负荷不大、房间比较集中的场合。

（2）间接冷却式空调系统

该系统的制冷剂在专用的蒸发器内蒸发吸热，冷却冷冻水（又称冷媒水），冷冻水由水泵输送到专用的水冷式表面空气冷却器来冷却空气。它适用于空调负荷较大、房间分散或者自动控制要求较高的场合。

2.2 空调系统的组成

空调系统主要由空气处理设备、空气输送设备、空气分布设备和空调自动控制系统（详见第 5 章）等组成。

2.2.1 空气处理设备

空气处理设备是指空调系统中对空气进行加热、冷却、加湿、干燥和净化等处理的关键设备，又称空调箱。空气处理设备通常由一系列的功能段组成。

1. 新风采入功能段

在新风采入功能段要设置新风阀和相应设施。新风阀的主要特点是运转灵活、噪声低、泄露量小（密闭型泄漏量<0.5%）、工作温度区域宽、结构可靠、安全方便。运行中的新风阀的开度由自动控制装置或人工操作来实现，以达到节能。当空调系统的送风机停止运行时，由自动联锁系统将新风阀关闭。

2. 空气过滤功能段

空气过滤功能段是为满足空调场所对空气洁净度的要求而设置的。

3. 空气一次加热功能段

空气一次加热功能段即预热段，用以加热新风或新风与一次回风的混合风。在寒冷的冬季，有时需要将新风预热后再与一次回风混合。一次加热器是空调自动控制的对象之一。一般的预热方式有电预热、蒸汽预热等。

4. 一次回风混合功能段

设置一次回风混合功能段的目的是在冬季节省热量、在夏季节省冷量，以实现节能。

5. 表面式空气冷却器功能段

表面式空气冷却器功能段是空气处理设备的核心部分，空气要在该段按照不同工况及要求分别进行减焓、冷却、加湿、降湿等处理。这一段也是空调自动控制的主要对象。

6. 二次回风混合功能段

经表面式空气冷却器功能段处理后的空气与二次回风在二次回风混合功能段混

9

合。利用二次回风可代替部分二次加热，以达到节能的目的。但是增加二次回风会增加投资，也使操作控制和管理变得复杂。

7. 空气二次加热功能段

空气二次加热功能段也被称为再热功能段，通常设在表面式空气冷却器功能段之后。当有二次回风混合时，此功能段则设在二次回风混合功能段之后，尤其是在冬季，此功能段是保证送风温度或室内温度恒定必不可少的温度调节段。对于对温湿度有较高要求的场所，空气二次加热功能段是必不可少的段位，往往是表冷除湿后提升送风温度和降低送风湿度的必要段位。再热方式一般有电再热、蒸汽再热和热水再热等。

8. 加湿功能段

当由于季节变化或工艺的要求提高空气湿度时，需要进行空气加湿处理。空气处理设备可提供多种加湿方式：高压喷雾加湿、干蒸汽加湿、电极式加湿和湿膜加湿等。部件有超声波加湿器、干蒸汽加湿器、电热式蒸汽加湿器、电极式蒸汽加湿器和湿膜式加湿器等。

以上各功能段是按照大类进行划分的，每个大类还分为若干细项。并非每个空调系统都使用全部功能段，而是根据工艺要求设置。

组合式空调机组是空气处理的最主要设备之一，是以冷、热水或蒸汽等为媒介，用以完成对空气的过滤、净化、加热、冷却、加湿、减湿、消声和新风处理等功能的箱体组合式机组。其功能段介绍如表 2.1 所列。

表 2.1　组合式空调机组功能段介绍

序　号	功能段名称	功能简介
1	送风段（新风/回风）	根据不同的需求可接回风风管或者新风风管，送风口也可根据需求采用后送风或上送风，风口可安装法兰或手、电动风阀
2	排风段（二次回风段）	主要功能是排风或进行二次回风，风口可安装法兰或手、电动风阀
3	混合段	主要功能是将新风与回风混合，风口可安装法兰或手、电动风阀进行风量调节
4	组合段（排风、回风和新风合成段）	主要起排风和补充新风的作用，通常在采用该功能段的时候用到回风机
5	初效过滤段（板式、袋式）	标配为平板式空气过滤器，一般设置在混合段之后，对混合空气进行初步过滤，过滤等级为 G3 或 G4
6	中效过滤段（板式、袋式）	标配为袋式空气过滤器，过滤等级为 F7，通常可作为一般空调机组最后的空气过滤器和高效空气过滤器的预过滤器
7	亚高效过滤段	用于净化要求高的场所，前面一般加装中效空气过滤器，过滤等级为 H10

续表 2.1

序　号	功能段名称	功能简介
8	高效过滤段	用于对洁净度要求非常高的场所,一般安装在机组的最末端,过滤等级为 H13
9	表冷段	供冷换热器,可根据供冷量的不同提供 4 排、6 排或 8 排管的盘管。铝翅片为亲水材料,后可设防水板,即使在高风速下也不会有水滴吹出
10	电加热段	加热换热器,该功能段采用电加热管进行辅助加热
11	热水加热段	加热换热器,根据供热量的不同提供 2 排、4 排管的盘管
12	蒸汽加热段	加热换热器,根据供热量的不同提供 1 排、2 排管的盘管
13	电极加湿段	采用电极式加湿器进行加湿,洁净等温加湿,加湿效率高,调节精度高,可实现多档调节、智能控制
14	湿膜加湿段	采用湿膜加湿方式,安全可靠、寿命长、洁净加湿,具备自动控制接口
15	干蒸汽加湿段	采用干蒸汽加湿器进行加湿,洁净等温加湿,加湿效率高,调节精度高,可实现多档调节、智能控制
16	高压喷雾加湿段	采用高压喷雾加湿器进行加湿,加湿量大,带自动控制接口,具备无水保护功能
17	高压微雾加湿段	采用高压微雾加湿器进行加湿,加湿量大,高效节能
18	风机段	采用高效离心风机,可根据需求采用上送风或侧送风,当风机段下游还有其他段时其后要加均流段。模数由风量和风机全压以及出风位置确定
19	均流段	一般安装在风机段后面,可使风速均匀分布
20	消声段	可根据不同的消声要求采用抗性阻性消声器或复合型消声器。段长越长,消声量越大
21	中间段(检修段)	主要起检修或维护各功能元器件的作用,模数由具体需要维护的元器件大小决定
22	转弯段	可满足用户对于特殊送风方向的要求
23	送风段	主要功能是送风,可根据不同的需求设置出风口,可侧送风,也可上送风。模数由风口位置以及机型大小决定
24	绿色段	采用高压电子系统及高效吸附净化材料,对空间内各种有害物质进行过滤、极化、吸附和催化分解等处理
25	热回收段	采用高效转轮式热回收器,能实现全热、显热的能量回收,最高能量回收效率可达 80%

2.2.2　空气输送设备

空气输送设备主要包括风机、通风管道和风阀等。

1. 风 机

风机是用以输送空气的动力装置,是空调工程中的主要设备之一。

(1) 风机的主要类型

① 风机按使用材质可分为铁壳风机(普通风机)、玻璃钢风机、塑料风机、铝风机和不锈钢风机等。

② 风机按气体流动的方向可分为离心式风机、轴流式风机、斜流式(混流式)风机和横流式风机等。

③ 风机按气流进入叶轮后的流动方向可分为轴流式风机、离心式风机和斜流(混流)式风机。轴流式风机具有效率高、体积小、安装简单的优点,多用于对噪声控制要求不高、送风距离较短、风量较大的系统。离心式风机具有噪声较小、风压较高的优点,尤其适用于送风距离较长的系统。

④ 风机按工作方式可分为压入式局部风机(简称压入式风机)和隔爆电动机置于流道外或在流道内、置于防爆密封腔的抽出式局部风机(简称抽出式风机)。

⑤ 风机按加压的形式可分为单级加压风机、双级加压风机和多级加压风机。罗茨风机属于多级加压风机。

⑥ 风机按用途可分为轴流风机、混流风机、罗茨风机、屋顶风机、空调风机等。

⑦ 风机按压力可分为低压风机、中压风机和高压风机。

空调机组中使用的风机主要为离心式风机和轴流式风机。

(2) 风机的转速控制

在空调工程中,空气输送设备的能耗占相当大的比例,因此,当进行空调自动控制设计时,应考虑空气输送的节能,尤其是在变风量调节风机转速的控制系统中,风机的理想运行状态应是风量适应于负荷的变化。根据风机的性能曲线可知,当风机在某一固定转速(n)时,风机的风量(q)、风压(p)和轴功率(P)与转速都有一定的对应关系。其对应关系如下:

风量与转速成正比

$$\frac{q_1}{q_2} = \frac{n_1}{n_2} \tag{2.1}$$

风压与转速的二次方成正比

$$\frac{p_1}{p_2} = \left(\frac{n_1}{n_2}\right)^2$$

轴功率与转速的三次方成正比

$$\frac{P_1}{P_2} = \left(\frac{n_1}{n_2}\right)^3$$

如果要改变风量,则可以通过调节系统中的阻力来实现。

如果采用风机转速控制,则由式(2.1)可以看出,转速增加,风量增加。要使风量减少,可通过降低转速来实现。而轴功率与转速的三次方成正比,显然可得到明显的节能效果。因此,当在变风量空调系统中进行室内温度控制时,可通过改变风量来调节温度,例如采用调转速变风量获得节能效果。风机主要采用变频调速方式。

2. 通风管道

通风管道(简称通风管)是经先进的机械一次性生产而成的新型管道,在空调工程中,送风、回风和排风都需用通风管道输送空气。通风管常用金属材料和非金属材料制作,以金属材料(包括镀锌板、不锈钢、铜和铝等)为主。其形状有方形、矩形和圆形等。

专业加工的空调通风管的特点主要体现在:安装方便、快捷;管径长,可减少驳接、节约耗材;无涡流区,送风更安静;机械生产,标准高、质量优;可按所需尺寸制造,便于实现科学连接。

通风管制作与安装所用板材、型材以及其他主要成品材料,应符合设计及相关产品的国家现行标准规定,并应有出厂检验合格证明,当材料进场时应按国家现行有关标准进行验收。

通风管按材质可分为钢板(普通钢板)通风管、镀锌板(白铁)通风管、不锈钢通风管、玻璃钢通风管、塑料通风管、复合材料通风管、彩钢夹心保温板通风管、双面铝箔保温通风管、单面彩钢保温通风管、涂胶布通风管(如矿用风筒)和矿用塑料通风管等。

通风管按加工工艺可分为角铁法兰通风管、共板法兰通风管。

通风管根据结构可分为整体普通型通风管、整体保温型通风管和组合保温型通风管 3 种类型。

通风管根据物理力学性能和外观质量可分为一级品和合格品两个等级。

对于比较复杂的民用建筑,在设计阶段,各工种(暖通、给水排水、供电照明与建筑专业等)应协商好空间分隔,定出每种管道的标高范围。一般情况下不得越出规定的界限,当遇有个别管段要越界时应与其他工种协商。

解决各种管道相遇及协调的原则一般为"小管让大管,有压让无压"。例如,若自来水管与通风管相遇,则应让自来水管拐弯;若冷、热水管与下水管相遇,则应改变冷、热水管位置。

为了减少投资、节省空间、降低层高,有些无坡度要求的通风管可以穿梁敷设。

此外,在空调自动控制设计时,要重视不同结构形式和尺寸的通风管。采用有效的温度、湿度和风量检测手段及调节装置,以取得良好的检测和控制效果。

3. 风 阀

风阀是工业厂房、民用建筑的通风、空调及空气净化系统中不可缺少的末端配件,一般在空调、通风系统中调节风量,也可用于新风与回风的混合调节。改变风阀开度的大小可达到调节风量的目的。

(1) 风阀的类型

风阀一般分为多叶风阀、蝶阀(单叶风阀)和顺开风阀等。目前常用的风阀是多叶风阀,有平行式和对开式两种。性能最佳的风阀是菱形风阀。

(2) 风阀的特点

对开多叶风阀接管尺寸与国家标准规定的矩形风管尺寸相同;风阀叶片为对开式和顺开式,在通风、空调、空气净化系统中作为调节阀;通过试验测定,风阀的气密性好,其相对漏风量在 5% 左右,调节性能好。

(3) 风阀安装注意事项

风阀的安装应依据国家建筑标准设计图集 07K120《风阀选用与安装》进行。

① 对于运到施工现场的风阀,安装单位应进行进场验收,根据装箱清单开箱查验合格证、检测报告和安装指导说明文件等,逐个校验型号、规格、材质、标识及控制方式是否符合设计文件的规定,并应做好记录,各方签字确认。

② 在风阀就位安装之前,应逐个检测其结构是否牢固、严密,并进行开关操作试验,检查它们是否灵活可靠;对于电动风阀,要逐个通电试验并检测,做好试验记录。

③ 在风阀就位前必须检查其适用范围、安装位置、气流方向和操作面是否正确。

④ 风阀的开闭方向、开启角度应在可视面有准确的标识。

⑤ 安装在高处的风阀,其手动操纵装置宜距露面或操作平台 1.5～1.8 m。

⑥ 风阀的操作面距墙、顶和其他设备、管道的有效距离不得小于 200 mm,且风阀不应安装于结构层或孔洞内。风阀周边缝宽度宜大于 150 mm。

⑦ 检查连接风管预留的法兰尺寸、配钻孔径与孔距、法兰面的平整度和平行度、垫片材质和厚度、非金属风管的连接方式等是否符合要求。检查支、吊架位置及做法是否符合规范或设计文件要求。单件风阀质量大于 50 kg 的应设单独的支、吊架;电动风阀一般宜设单独支、吊架;用于软质非金属风管系统的风阀一般也宜设单独支、吊架。

⑧ 用于洁净通风系统的风阀在安装前必须按要求清洁阀体内表面,在达到相应的洁净标准后封闭两端,封装板在就位后方可去除。擦洗净化空调系统风阀内表面应采用不掉纤维的材料,擦洗干净的风阀不得在没有做好墙面、地面、门窗的房间内存放,临时存放场所必须保持清洁。

⑨ 输送介质温度超过 80 ℃ 的风阀,除按设计要求做好保温隔热外,还应仔细核对伸缩补偿措施和防护措施。

⑩ 设于净化系统中中效空气过滤器后的风阀叶片轴若有外露,则应对它与阀间的缝隙进行密封处理,确保不泄露。

⑪ 连接风阀与风管法兰、薄钢板法兰或无法兰连接的紧固件均应采用镀锌件。除镀锌板材料的风阀外,不锈钢、铝合金材料的风阀连接件均应与风阀同材质,且其支、吊架若是钢质的,则还应采用厚度不小于 60 mm 的防腐木垫或 5 mm 的橡胶板垫,使之与阀体绝缘。当法兰垫片厚度设计无规定时,它一般不小于 3 mm;垫片不应凸入阀内,不宜突出法兰外,净化系统的法兰垫片应选用弹性好、不透气、不产尘的材料(如橡胶板或硅胶板等),严禁采用泡沫塑料、厚纸板、石棉绳、铅油麻丝及油毡纸

等含开孔孔隙和易产尘的材料。密封垫厚度根据材料弹性大小确定,一般为 4～6 mm,一对法兰的密封垫规格、性能及垫层厚度应相同。严禁在密封垫上涂刷涂料,法兰密封尽量减少接头,做接头时要采用阶梯形或企口形,并涂密封胶。

⑫ 风阀安装的水平度误差不大于 3%、垂直度误差不大于 2%,不单独设支、吊架的风阀安装公差随风管一起控制精度。采用薄钢板法兰风管连接应做到连接完整、无缺损,表面应平整、无明显扭曲;弹簧夹或紧固螺栓的间隔不应大于 150 mm,且分布均匀,无松动现象。

⑬ 风阀在安装后一般与风管系统一同进行严密性检测与试验,但为了减少风阀的调整试验次数,应对电动风阀和洁净系统、实验室通风系统的风阀单独进行安装完毕后的严密性检测,一般做漏光试验和单阀试运转。系统调试完毕之后的各风阀的开启角度应用色漆标识清楚,并做好记录。

⑭ 对于多叶风阀,要检查阀片开启角度与指示位置是否吻合,旋转手柄或启动风阀检查阀片是否碰擦阀体,检查密封件是否牢固、紧密。

⑮ 电动风阀的安装检测与试验包括检测绝缘电阻、接地电阻和耐压,检测交流(AC)/直流(DC)工作电压是否稳定,进行静态和动态(最大压差)的功率测定,进行控制与反馈信号测试。

2.2.3　空气分布设备

空气分布设备是指设在空调房间的各种类型的送风口、回风口。为了使空调房间内空气分布均匀、气流速度适宜、温度均匀,满足空调基数和精度的要求。需要从工艺布置上进行考虑。当设置检测元件时,应合理选择检测点,不宜将检测元件安装在送风口处。空调的精度不仅取决于自动控制方案的选择,还取决于气流组织形式。一般来说,侧送风形式和上送下回送风形式可满足精度控制在 ±0.5 ℃～±2 ℃ 的空调房间。而高精度恒温恒湿控制需采取孔板送风形式,使气流扩散、混合良好,工作区域的温度场和速度场均稳定,这样可减少参数的测量误差,实现高精度控制。

1. 送风口

送风口是指空调管道中心向室内运送空气的管口。送风口的外壳用优质冷轧钢板制作,表面采用静电喷塑。送风口含静压箱、高效空气过滤器、散流板,当改建和新建各级洁净室时,它可作为终端高效过滤装置布置在洁净顶棚等处,具有投资少、施工简便等优点。

(1) 送风口分类

送风口按安装位置分为侧送风口、顶送风口(向下送)和地面送风口(向上送),按送出气流的流动状况分为扩散型送风口、轴向型送风口和孔板送风口。扩散型送风口具有较大的诱导室内空气的作用,送风温度衰减快,但射程较短;轴向型送风口诱导室内气流的作用小,送风温度、速度衰减慢,射程远;孔板送风口是在平板上满布小孔的送风口,送风速度分布均匀、衰减快。

送风口具体的形式有活动百叶送风口、喷口、方形和圆形散流器、可调式条形散流器和旋转式送风口等。

（2）送风方式及送风口选型规定

① 宜采用百叶、条缝形等送风口贴附侧送。当侧送气流有阻碍或单位面积送风量较大，且人员活动区的风速要求严格时，不应采用侧送。

② 当设有吊顶时，应根据空调区的高度及对气流的要求，采用散流器或孔板送风口。当单位面积送风量较大，且对人员活动区内的风速或区域温差要求较小时，应采用孔板送风口。

③ 高大空间宜采用喷口送风、旋流送风或下部送风。

④ 对于变风量末端装置，应保证当风量改变时，气流组织满足空调区环境的基本要求。

⑤ 送风口表面温度应高于室内露点；当它低于室内露点时，应采用低温送风口。

（3）出口风速

送风口的出口风速应根据不同情况通过计算确定。

侧送和散流器平送的出口风速受两个因素限制：一是回流区风速的上限；二是送风口处的允许噪声。回流区风速的上限与射流的自由度有关，根据实验，两者的关系为

$$v_h = \frac{0.65 v_0}{\dfrac{\sqrt{s}}{d_0}}$$

式中：v_h 为回流区的最大平均风速，单位为 m/s；v_0 为送风口的出口风速，单位为 m/s；d_0 为送风口的当量直径，单位为 m；s 为每个送风口所负担的空调区断面面积，单位为 m^2。

侧送和散流器平送的出口风速采用 2～5 m/s 是合适的。

孔板下送风的出口风速从理论上讲可以采用较高的数值，一般采用 3～5 m/s 为宜。因为在一定条件下，当出口风速较高时，要求稳压层内的静压也较高，这会使送风较均匀；同时，由于送风速度衰减快，因此它对人员活动区的风速影响较小。但当稳压层内的静压过高时，漏风量会增加，并产生一定的噪声。

条缝形送风口气流轴心速度衰减快，对于舒适空调，其出口风速宜为 2～4 m/s。

喷口送风的出口风速根据射流末端到达人员活动区的轴心风速与平均风速经计算确定。喷口侧向送风的出口风速宜取 4～10 m/s。

（4）高效送风口安装注意事项

① 在安装前要确认高效送风口的尺寸、效率必须符合洁净室现场设计要求和应用标准。

② 在安装高效送风口前需要清洗好产品，并对洁净室进行全方位的清扫、清洁，如应清除净化空调系统中的灰尘，达到清洁标准要求，夹层或吊顶也需要清洁。再次

清洁净化空调系统必须试连续运转 12 h 以上。

③ 高效送风口的安全运输需严格按照生产厂家的标志说明方向安放,在运输过种程中需轻拿轻放,切忌剧烈振动和碰撞。

④ 高效送风口在安装前需进行外观检查:检查滤纸、密封胶和框架有无损坏;检查边长、对角线和厚度尺寸是否符合要求;检查框架有无毛刺和锈斑(金属框);检查有无产品合格证、技术性能是否符合设计要求。

⑤ 对高效送风口进行检漏,检查其是否合格。当安装时应根据各高效送风口的阻力大小进行合理调配。对于单向流,同一高效送风口或送风面上的各空气过滤器额定阻力与各台平均阻力之差应小于 5%。

⑥ 洁净室内高效送风口的风口翻边和吊顶板之间的接缝施行密封垫处理,有裂缝的地方必须严格处理好。高效送风口损坏或涂层破损不得进行安装,高效送风口和风管必须严格连接好,开口端用塑料薄膜和胶带加固密风处理。

2. 回风口

回风口是回风用的,是指室内向空调管道中心运送空气的管口。当室内负荷一定时,室内需要的冷风量是一定的。在夏季,室内风相对于新风来说温度一般较低,利用回风口回一些风到空气处理设备,与少量新风混合后制成冷风送入室内,相对于全部用新风制冷风来说可有效节能。

(1) 类 型

在空调工程中,除了单层百叶风口、固定百叶直片条缝风口等可用作回风口外,还有篦孔回风口、网板、孔板回风口和蘑菇形回风口等。

(2) 布置方式

按照射流理论,送风射流引射着大量的室内空气与之混合,使射流流量随着射程的增加而不断增大。而回风量小于(最多等于)送风量,同时回风口的速度场分布呈半球状,其速度与作用半径的二次方成反比,吸风气流速度衰减很快。因此,在空调区内的气流流型主要取决于送风射流,而回风口的位置对室内气流流型及温度、速度的均匀性影响不大。设计时应尽量避免射流短路和产生"死区"等现象。当采用侧送风时,把回风口布置在送风口同一侧,效果会好一些。对于走廊回风,其横断面风速不宜过大,以免引起扬尘和造成不适感。

(3) 吸风速度

确定回风口的吸风速度(即迎面风速)主要考虑三个因素:一是避免靠近回风口处的风速过大,防止对经常在回风口附近停留的人员造成不适感;二是不要因为风速过大而引起扬尘及增加噪声;三是尽可能缩小风口断面,以节约投资。

对于回风口的吸风速度,一般有如下要求:当回风口布置在房间的上部时,其吸风速度不大于 4.0 m/s;当回风口布置在房间下部且不靠近人经常停留的地点时,其吸风速度不大于 3.0 m/s;当回风口布置在房间下部且靠近人经常停留的地点时,其吸风速度不大于 1.5 m/s。

第3章 空调系统的工艺、设备及其选型设计

3.1 空调室内设计要求

3.1.1 工艺性空调系统设计要求

工艺性空调系统室内温湿度基数及其允许波动范围应根据工艺需要及卫生要求确定。在可能的条件下,应尽量提高夏季室内温度基数,以节省建设投资和运行费用。若夏季室内温度基数过低(如 20 ℃),则室内外温差太大,工作人员会感到不舒适。另外,提高夏季室内温度基数对改善工作人员的卫生条件也是有好处的。

在冬季,活动区的风速不宜大于 0.3 m/s;在夏季,活动区的风速宜采用0.2～0.5 m/s。当室内温度高于 30 ℃时,活动区的风速可大于 0.5 m/s。

3.1.2 舒适性空调系统设计要求

据统计,宜人的室内温湿度(在此范围内感到舒适的人占 95％以上)是:

① 冬季:温度为 20～25 ℃,相对湿度为 30％～80％。

② 夏季:温度为 23～30 ℃,相对湿度为 30％～60％。

在设有空调的室内,当温度为 20～25 ℃、相对湿度为 40％～50％时,人会感到舒适;当温度为 20 ℃、相对湿度为 40％～60％时,人的精神状态好、思维敏捷、工作效率高。

舒适性空调系统的室内设计参数是基于人体对周围环境的温度、相对湿度、风速和辐射热等热环境条件的适应程度,结合我国的经济情况,并考虑人们的生活习惯及衣着情况等因素,本着保证工作人员的舒适性及提高工作人员的工作效率的原则,在参考国内外相关标准的基础上确定的。它宜符合如表 3.1 所列的要求。

表 3.1　舒适空调室内设计参数

季 节	温度/℃	风速/(m·s⁻¹)	相对湿度/%
冬季	18～24	≤0.2	—
夏季	25～28	≤0.3	40～70

3.1.3　冬季室内设计参数要求

当人们衣着适宜、保暖量充分且从事轻劳动时,室内温度在 20 ℃ 左右比较适宜。18 ℃ 无冷感,15 ℃ 是产生明显冷感的温度界限。在保证工作人员的工作效率及舒适性的基础上,考虑当工作强度不同时人体产热量不同,确定工业建筑工作地点的室内温度范围。

冬季室内设计温度应根据建筑的用途确定,并符合相应的要求:

① 厂房、仓库、公用辅助建筑的工作地点应按劳动强度确定设计温度:轻劳动的工作地点设计温度应为 18～21 ℃,中劳动的工作地点设计温度应为 16～18 ℃,重劳动的工作地点设计温度应为 14～16 ℃,极重劳动的工作地点设计温度应为 12～14 ℃;当每名工人占用面积大于 50 m² 时,为降低供暖的成本,可以适当降低室内设计温度的要求,采取个体防护的措施,轻劳动的工作地点设计温度可降低至 10 ℃,中劳动的工作地点设计温度可降低至 7 ℃,重劳动的工作地点设计温度可降低至 5 ℃。

② 生活、行政辅助建筑及厂房、仓库、公用辅助建筑的辅助用室的室内设计温度:浴室、更衣室不应低于 25 ℃,办公室、休息室、食堂不应低于 18 ℃,盥洗室、厕所不应低于 14 ℃。

③ 当工艺或使用条件有特殊要求时,各类建筑的室内设计温度可按照实际需要确定。

④ 体感温度和供暖方式有关。在相同的体感温度条件下,当采用辐射供暖时可降低室内设计温度约 2～3 ℃,辐射强度越大,可降低幅度越大。

⑤ 当严寒、寒冷地区的厂房、仓库、公用辅助建筑仅要求室内防冻时,室内防冻设计温度宜为 5 ℃。

对于设置供暖的建筑,当厂房内散热量小于 23 W/m³ 时,活动区的风速不宜大于 0.3 m/s;当厂房内散热量大于或等于 23 W/m³ 时,活动区的风速不宜大于 0.5 m/s;公用辅助建筑内活动区的风速不宜大于 0.3 m/s。

3.1.4　生产厂房夏季工作条件要求

当工艺无特殊要求时,生产厂房夏季工作地点的温度可根据夏季通风室外计算温度及它与工作地点的允许最大温差进行设计,并不得超过表 3.2 的规定。

由于室内空气的相对湿度对人的热舒适性有较大的影响,因此厂房在不同相对湿度下空气温度的上限值应符合表 3.3 所列的规定。

表 3.2　夏季工作地点温度设计　　　　　　　　单位:℃

夏季通风室外计算温度	允许最大温差	工作地点温度	夏季通风室外计算温度	允许最大温差	工作地点温度
≤22	10	≤32	27	5	32
23	9	32	28	4	
24	8		29～32	3	32～35
25	7		≥33	2	35
26	6				

表 3.3　厂房在不同相对湿度下空气温度的上限值

相对湿度/%	温度/℃	相对湿度/%	温度/℃
55～<65	29	75～<85	27
65～<75	27	≥85	26

3.1.5　高温、强热辐射作业场所要求

高温、强热辐射作业场所的室内热环境应保证工作人员的健康和工作效率。对特殊高温作业区(如高温车间桥式起重机驾驶室),应在隔热的同时对室内温度做出要求。

局部降温送风是当高温作业时间较长、工作地点的热环境达不到卫生要求时采取的有效局部降温措施。当采用局部送风系统时,工作地点应保持的温度和风速与操作人员的劳动强度、工作地点周围的辐射照度等因素相关,如表 3.4 所列。

表 3.4　工作地点的温度和风速与操作人员的劳动强度、辐射照度的关系

热辐射照度/(W·m^{-2})	冬　季		夏　季	
	温度/℃	风速/(m·s^{-1})	温度/℃	风速/(m·s^{-1})
350～700	20～25	1～2	26～31	1.5～3
701～1 400	20～25	1～3	26～30	2～4
1 401～2 100	18～22	2～3	25～29	3～5
2 101～2 800	18～22	3～4	24～28	4～6

注:1. 轻劳动的温度宜采用较高值、风速宜采用较低值,重劳动的温度宜采用较低值、风速宜采用较高值,中劳动的温度、风速数据可按插入法确定。

　　2. 对于夏热冬冷或夏热冬暖地区,夏季工作地点的温度可提高 2 ℃;对于累年最热月平均温度小于 25 ℃的地区,夏季工作地点的温度可降低 2 ℃。

3.1.6 室内空气质量及新风量的要求

工业建筑室内空气应符合国家现行的相关室内空气质量、污染物质量浓度控制等卫生标准（包括现行国家标准 GBZ1—2010《工业企业设计卫生标准》、GBZ2—2019《工作场所有害因素职业接触限值》、GB/T 18883—2002《室内空气质量标准》）以及其他单项职业卫生标准的要求。

工业建筑应保证每人不小于 30 m³/h 的新风量。新风供给方式包括自然送风方式和机械送风方式。工业建筑用于消除余热、消除余湿、稀释有害气体、补充排风等的新风量往往较大，远大于人员所需新风量。

工作场所中人员所需的新风量应根据室内空气质量的要求、人员的活动、工作性质和时间、污染源及建筑的状况等因素来确定。最小新风量首先要保证满足人员卫生要求，一般用二氧化碳的质量浓度推算确定，还应考虑室内其他污染物等。在设计时应满足国家现行专项标准的特殊要求。

事故通风是保证安全生产和保障人民生命安全的一项必要的措施。对于生产、工艺过程中可能突然放散有害气体的建筑，在设计中均应设置事故排风系统。虽然有可能用不到或很少使用，但并不等于可以不设，应以预防为主。这对防止设备、管道逸出大量有害气体而造成人身事故是至关重要的。

空调系统的最小新风量的考虑：空调系统的新风量占送风量的百分数一般不应低于10%，但对温湿度波动范围要求很小或洁净度要求很高的空调区的送风量都很大，如果要求最小新风量达到送风量的10%，则新风量也很大。这不仅不节能，而且大量室外空气还会影响室内温湿度的稳定、增加空气过滤器的负担。对于一般舒适性空调系统，当按人员和正压要求确定的新风量达不到送风量的 10% 时，由于人员较少，室内二氧化碳的质量浓度也较低（氧气的质量浓度相对较高），没必要加大新风量，因此没有规定新风量的最小比例（即最小新风比）。

3.2 空气净化处理

空调净化处理的主要目的在于有效滤除和分解空气中的各类有害气体，防止外面的污染气流进入室内，保证房间的洁净度，使室内空气洁净清新。处理手段包括除尘、除菌、除霉和灭菌等。

不论是新风还是循环回风都含有一定程度的灰尘和有害物质，纺织厂等场所周围的空气污染就更为严重。在空气进入系统之前，应根据需要采取专门的除尘设备和装置进行初级空气净化处理，如组合式空调机组就设置空气过滤段。空调系统的新风、回风需要进行过滤处理，当其中所含的化学有害物质不符合生产工艺及卫生要求时,应对它们进行净化处理。空气净化处理的目的是从三个方面考虑的:一是空调房间内设置的高精度设备对洁净度的要求;二是对生产产品的影响;三是空气中的粉尘对人体健康的危害。在空调系统中,空气净化处理采用空气过滤器。

3.2.1 空气过滤器

空气过滤器(Air Filter)是指空气过滤装置,一般用于洁净车间、厂房、实验室及洁净室,或者电子、机械、通信设备等的防尘,是防止外面污染气流进入的主要设备。空气过滤器是通过多孔过滤材料的作用从气固两相流中捕集粉尘,并使气体得以净化的设备。它把含尘量低的空气净化处理后送入室内,以保证洁净房间的工艺要求和一般空调房间内的空气洁净度。

空气过滤器要用低阻、高效、能清洗、难燃和容尘量大的滤料制作,其阻力应按终阻力计算。当空气过滤器长期使用时,滤料上沉附的灰尘将逐渐增加,这将增大气流阻力,当该阻力太大时,将影响整个空调系统的正常运行。因此,在工程上需要对空气过滤器气流阻力的变化进行自动检测和报警。通常采用差压法测量空气过滤器前后的压差,将此差压信号进行显示并根据设定的差压限值报警,以便当空气过滤器失效时及时清理或更换。

设置空气过滤器是为了获得达到标准要求的洁净空气。也就是说,设置空气过滤器只是一个手段,是为了达到洁净的目标。一般通风用空气过滤器通过对空气中不同粒径的粉尘粒子进行捕捉、吸附,使空气质量提高,它广泛用于微电子行业、涂装行业、食品饮料业等。化学空气过滤器除了吸附粉尘之外,还可以吸附气味,通常用于医院、机场航站楼等场所。空调系统的空气过滤器的设置要按照相关国家标准进行。

1. 空气过滤器的发展历程

空气过滤器的原型是人们为保护呼吸系统而使用的呼吸保护器具。据记载,早在1世纪的罗马,人们在提纯水银的时候就用粗麻制成的面具进行防护。在此之后的漫长时间里,空气过滤器也取得了进展,但其主要是作为呼吸保护器具被用于一些危险的行业,如有害化学品的生产。1827年,布朗发现了微小粒子的运动规律,使人们对空气过滤的机理有了进一步的认识。空气过滤器的迅速发展是在与军事工业和电子工业的发展紧密相关的20世纪50年代,美国对玻璃纤维过滤纸的生产工艺进行了深入地研究,使空气过滤器得到了改善和发展。20世纪60年代,HEPA过滤器问世。20世纪70年代,采用微细玻璃纤维过滤纸作为过滤介质的HEPA过滤器,对0.3 μm粒径的粒子过滤效率高达99.999 8。20世纪80年代以来,随着新的测试方法的出现、使用评价的提高及对过滤性能要求的提高,人们发现HEPA过滤器存在着严重的问题,于是又研制了性能更高的ULPA过滤器。目前,各国仍在努力研究,估计更先进的空气过滤器不久就会出现。

与此同时,空气过滤器本身的设计也取得了显著进展,其中最重要的是分隔板的去除,即无隔板空气过滤器的发展。无隔板空气过滤器不仅消除了分隔板损坏过滤介质的弊端,而且有效地增加了过滤面积,提高了过滤效率,并降低了气流阻力,从而减少了能量消耗。此外,空气过滤器在耐高温、耐腐蚀以及防水、防菌等方面也取得很大的进展,满足了一些特殊的需求。

2. 过滤器的分类

空气过滤器有初效空气过滤器、中效空气过滤器、亚高效空气过滤器、高效空气过滤器及超高效空气过滤器等类型,如表 3.5 所列,各种类型的空气过滤器有不同的标准和使用效能。

表 3.5 空气过滤器的分类

类 型	功 能	作 用
初效 空气过滤器	去除≥5 μm 的尘埃粒子,初始压强≤50 Pa	在空调净化系统中作为预空气过滤器保护中效和高效空气过滤器,以及空气处理设备内的其他配件,以延长它们的使用寿命
中效 空气过滤器	去除≥1.0 μm 的尘埃粒子,初始压强≤80 Pa	在空调净化系统中作为中间空气过滤器,减少高效空气过滤器的负荷,延长高效空气过滤器和空气处理设备内配件的使用寿命
亚高效 空气过滤器	去除≥0.5 μm 的尘埃粒子,初始压强≤120 Pa	在空调净化系统中作为中间空气过滤器,在低级净化系统中可作终端空气过滤器使用
高效 空气过滤器	去除≥0.3 μm 的尘埃粒子,初始压强≤220 Pa	在空调净化系统中作为终端空气过滤器,是高级别洁净室(0.3 μm 洁净室)中必须使用的终端净化设备
超高效 空气过滤器	去除≥0.1 μm 的尘埃粒子,初始压强≤280 Pa	在空调净化系统中作为终端空气过滤器,是高级别洁净室(0.1 μm 洁净室)中必须使用的终端净化设备

(1) 初效空气过滤器

初效空气过滤器的滤料一般为无纺布、金属丝网、玻璃丝和尼龙网等。常用的初效空气过滤器有板式、折叠式、带式和卷绕式。

(2) 中效空气过滤器

常用的中效空气过滤器的滤料主要有玻璃纤维、中细孔聚乙烯泡沫塑料和由聚对苯二甲酸乙二酯纤维(涤纶)、聚丙烯纤维(丙纶)、聚丙烯腈纤维(腈纶)等制成的合成纤维毡。

(3) 高效空气过滤器

常用的高效空气过滤器的滤料为超细玻璃纤维滤纸,孔隙非常小。高效空气过滤器采用很低的滤速,增强了对小尘粒的筛滤作用和扩散作用,因此具有很高的过滤效率。

3. 空气过滤器的选择原则

应根据具体情况合理地选择合适的空气过滤器,其选择原则如下:

① 根据室内要求的洁净净化标准,确定最末级的空气过滤器的效率,合理地选择空气过滤器的组合级数和各级的效率。若室内要求一般净化,则可以采用初效空气过滤器;若室内要求中等净化,就应采用初效和中效两级空气过滤器,经过两级过滤后,空气洁净度可达到 10 000 级;若室内要求超净净化,就应采用初效、中效和高效三级空气过滤器,并应合理妥善地匹配各级空气过滤器的效率,经三级过滤后,空气洁净度可达到更高的要求。若相邻两级空气过滤器的效率相差太大,则前一级空气过滤器就起不到对后一级空气过滤器的保护作用。

② 正确测定室外空气的含尘量和尘粒特征。因为空气过滤器是将室外空气过滤净化后送入室内,所以室外空气的含尘量是一个很重要的数据,特别是对于多级净化过滤处理,当选择预空气过滤器时要综合考虑使用环境、备件费用、运行能耗、维护与供货等因素。

③ 正确确定空气过滤器特征。空气过滤器的特征主要是指过滤效率、阻力、穿透率、容尘量、过滤风速及处理风量等。在条件容许的情况下,应尽可能选用高效、低阻、容尘量大、过滤风速适中、处理风量大、制造安装方便、价格低的空气过滤器。这是在空气过滤器选择过程中综合考虑一次性投资和二次性投资及能效比的经济性分析需要。

④ 分析含尘气体的性质。与选用空气过滤器有关的含尘气体的性质主要有温度、湿度、含酸碱及有机溶剂的数量。因为有的空气过滤器允许在高温下使用,而有的空气过滤器只能在常温、常湿度下工作,并且含尘气体的含酸碱及有机溶剂数量对空气过滤器的性能、效率都有影响。

3.2.2 负离子空气净化器

负离子空气净化器是一种利用自身产生的负离子对空气进行净化——除尘、除味、灭菌的环境优化设备,其核心功能是生成负离子,利用负离子本身具有的除尘降尘、灭菌解毒的特性对空气进行优化。净化原理为负离子主动出击,有效避免滤网式空气净化器需要定期更换滤网、净化不彻底、容易形成二次污染等弊端。采用负离子转换器技术和纳子富勒烯负离子释放器技术的负离子空气净化器,可以生成等同于大自然的生态小粒径负离子,在净化空气的同时提供"空气维生素",形成生态疗养浴环境。

空调用负离子空气净化器采用静电多层网状结构,当气流通过时产生回旋,增强了静电的荷电能力,而风道阻力并没有相应增加,达到节约能耗的作用;将除尘、杀菌、去除有害气体融为一体,具有易清洗、能耗低的特点。

在空调用负离子空气净化器中,静电场采用负输出,电场中的负离子含量在

105 个/cm² 以上,相对于森林、瀑布区,具有自然痊愈力;负离子空气对人体的健康特别有利,能使人神清气爽、心情愉快,具有镇痛、催眠、止咳、止喘、解汗、降低血压、减轻疲劳等作用。因此,增加空气中负离子含量具有特殊的意义。负离子空气净化器在捕捉粉尘、杀菌、净化空气的同时,也将大量的负离子送到空气中,使得空气更加清新。

3.2.3 空气净化消毒器

配合风口安装的空气净化器也称风机盘管电子式空气净化消毒器,主要通过盘管循环风的方式解决单个房间内的空气质量问题。

室内空气在风机作用下由回风口进入,在二段式等离子高压电场、微静电、溶菌酶等离子体的作用下,空气中的细菌和病毒被杀死,可有效滤除和分解空气中的各类有害气体,使室内空气洁净清新。其主要功能为吸附可吸入颗粒物,高效物理性杀灭细菌、病毒等微生物,滤除香烟烟雾和化学污染物,祛除细颗粒物(PM2.5)效率≥99%。

3.3 空气加热处理

空调系统的热媒主要有热水、蒸汽、电加热以及冷凝热等。合理地选用空调系统的热媒是为了满足空调控制精度、稳定性以及节能的要求。

3.3.1 热水加热

对于室内温度要求控制的允许波动范围等于或大于±1.0 ℃的场合,采用热水作为热媒是可以满足要求的。

1. 热水供热系统及其特点

以热水作为热媒的供热系统称为热水供热系统。其热能利用率较高,输送时无效损失较小,散热设备不易被腐蚀,使用周期长,且散热设备表面温度较低,符合卫生要求。供热系统中流量、压力的分布状况称为系统的水力工况。供热系统供热质量的好坏与系统的水力工况有着密切联系,普遍存在的冷热不均现象的主要原因就是系统水力工况失调。

热水供热系统由热网加热器、热网循环水泵、热网加热器的疏水泵、热网补水泵等设备及其连接管道构成。一般采用将两个热网加热器串联的方式实行多级加热,以充分利用低压抽汽,提高热电联产的经济性。热电厂送出的热网水是由蒸汽通过热网加热器进行加热的。加热用蒸汽的抽汽压力较低者为基本加热器,它在供热期内一直投运,其出口水温可满足热网大多数情况下的需要。加热用蒸汽的抽汽压力较高者为尖峰加热器,它在供热期的少数时间内当基本加热器的出口水温不能满足需要时投入,以进一步提高水温。尖峰加热器的蒸汽源根据最佳热化系数和机组的选型,由汽轮机的较高压力的抽汽或主蒸汽经降温减压后供给。有时根据情况设尖峰热水锅炉以满足尖峰热负荷的需要。

2. 热水供热的供回水温度

空调热水供热的供回水温度应根据空气处理工艺要求、加热盘管或冷热盘管对热媒的需求,以及热媒的种类和特性等,通过技术经济比较后确定。确定热水供热的供回水温度时,也应综合各种因素,经技术经济比较后确定。

当舒适性空调系统采用冷热盘管处理空气时,供水温度宜为 50～60 ℃,供回水温差不宜小于 10 ℃。

对于工业厂房,一次热源的温度一般较高,供暖空调设备有使用高温热水的条件。使用高温热水可减小加热器面积,获得较高的送风温度,大温差供水系统输送能耗低、管材消耗小。当工艺性空调系统设专用加热盘管时,供水温度宜为 70～130 ℃,供回水温差不宜小于 25 ℃。当热源服务范围内同时有供暖系统且条件允许时,空调热水供回水温度与供暖系统供回水温度宜保持一致。

当采用溴化锂吸收式冷(温)水机组、热泵型机组供热水时,供回水温度应满足机组高能效运行的需求。

3.3.2 蒸汽加热

1. 蒸汽供热系统

蒸汽供热系统是一种以蒸汽形式供热的系统,具体指集中供热系统中以水作为供热介质、以蒸汽的形态从热源携带热量经热网送至用户。它靠蒸汽本身的压力输送,压降约为 0.1 MPa/km。中国热电厂所供蒸汽的参数多为 0.8～1.3 MPa,供汽距离一般在 3～4 km。

2. 蒸汽供热系统的特点

当蒸汽和冷凝水在系统管路内流动时,其状态参数变化比较大,还会伴随相态变化。湿饱和蒸汽在沿途产生冷凝水,经过阀门等节流后可能成为干饱和蒸汽或过热蒸汽;冷凝水重新汽化会产生"二次蒸汽"。

蒸汽供热易于满足多种工艺生产用热的需要。蒸汽的比重小,在高层建筑中不致产生过大的静压力。蒸汽供热系统易于迅速启动,在换热设备中传热效率较高,其散热器热媒平均温度高。例如,热水(130/70 ℃)供热系统的散热器热媒平均温度为(130+70) ℃/2=100 ℃,蒸汽(200 kPa)供热的散热器热媒平均温度为 133.5 ℃。

蒸汽供热系统中的蒸汽比容较热水比容大得多,可大大减轻前后加热滞后的现象,通常可采用比热水流速高得多的速度,一般为 25～40 m/s。

蒸汽供热系统以蒸汽作为热媒,其热惰性小,适用于间歇供热的用户。但蒸汽在输送和使用过程中热能及热介质损失较多,热源所需补给水不仅量大,而且水质要求也比热网补给水的要求高。

3.3.3　电加热

常见的直接用电供热的情况有电锅炉、电热水器、电热空气加热器、电暖气及电暖风机等。将高品位的电能直接转换为低品位的热能,热效率低、运行费用高,用于空调热源是不经济的。合理利用能源、提高能源利用率、节约能源是我国的基本国策。考虑到国内各地区以及工业建筑的情况,工业厂房及辅助建筑不得采用电直接加热设备作为空调热源,除符合下列条件之一且无法利用热泵外:

① 远离集中供热的分散独立建筑,无法利用其他方式提供热源。

② 无工业余热、区域热源及气源,采用燃油、燃煤设备受环保、消防严格限制。

③ 在电力供应充足和执行峰谷电价格的地区,在夜间低谷电时段蓄热,在供电高峰和平段不使用。

④ 不能采用热水或蒸汽供热的重要电力用房。

⑤ 利用可再生能源发电,且发电量能满足电热供暖。

一些远离集中供热区域的建筑分散(如偏远的泵站、仓库、值班室等),通常体积小,热负荷也较小,集中供热管道太长,管网热损失及阻力过大,不具备集中供热的条件,为了保证必要的职业卫生条件,当无法利用热泵供热时,允许采用电直接加热。对于严寒地区的配电室等重要电力用房,在设备余热不足,又不能采用热水或蒸汽供热的情况下,允许采用电直接加热。

对于本身设置了可再生能源发电系统的工业企业,其发电量能够满足部分厂房或辅助建筑供热需求,为了充分利用发电能力,允许采用这部分电能直接供热。

1．电加热管

电加热管是管状电热元件,是由金属管、螺旋状电热丝及结晶氧化镁粉等组成的,一般用优质不锈钢管、结晶氧化镁粉、高品质电热丝等制成发热元件,用不锈钢制成其他结构部分。它具有优良的整体性能,还有寿命超长、容易维修的特点。

在不锈钢无缝管内均匀地分布电热丝,在空隙部分填入导热性能和绝缘性能均良好的结晶氧化镁粉,不但结构先进,而且热效率高、发热均匀。当电热丝中有电流通过时,产生的热量通过结晶氧化镁粉向金属管表面扩散,再传递到被加热件或空气中去,从而达到加热的目的。

(1) 发热量计算

可以用调压器通过改变输入电压和电流来改变电加热管的发热量。

电加热管的发热量与电压的二次方成正比、与电流的二次方成正比。当电压变为原来的 1/2 时,电热管的发热量变为原来的 1/4;当电流变为原来的 1/2 时,电热管的发热量也变为原来的 1/4。

(2) 性能要求

① 升温时间:在试验电压下,电热管从环境温度升至试验温度的时间应不大于

15 min。

② 额定功率偏差：在充分发热的条件下，电热管的额定功率偏差应不超过下列规定的范围：

（a）额定功率小于等于 100 W 的电热管：±10％。

（b）额定功率大于 100 W 的电热管：−10％～+5％或 10 W，取两者中的较大值。

③ 泄漏电流：电热管的冷态泄漏电流以及水压和密封试验后的泄漏电流应不超过 0.5 mA；工作温度下的热态泄漏电流应不超过式（3.1）中的计算值，但最大为 5 mA。

$$I = \frac{1}{6}(lt \times 0.000\ 01) \tag{3.1}$$

式中：I 为热态泄漏电流，单位为 mA；t 为发热长度，单位为 mm；t 为工作温度，单位为 ℃。

当多个电热管串联到电路中时，应以这几个电热管为整体进行泄漏电流试验。

④ 绝缘电阻：出厂检验时电热管的冷态绝缘电阻应不小于 50 MΩ；在密封试验后，经长期存放或者使用的电热管的绝缘电阻应不小于 1 MΩ；电热管在工作温度下的热态绝缘电阻应不低于式（3.2）中的计算值，但最小为 1 MΩ。

$$R = \frac{10 - 0.015t}{l} \times 0.001 \tag{3.2}$$

式中：R 为热态绝缘电阻，单位为 MΩ；l 为发热长度，单位为 mm；t 为工作温度，单位为 ℃。

⑤ 绝缘耐压强度：电热管应能在规定的试验条件和试验电压下保持 1 min 而无闪络和击穿现象。

⑥ 经受通断电的能力：电热管应能在规定的试验条件下经历 2 000 次通断电试验而不发生损坏。

⑦ 过载能力：电热管应能在规定的试验条件和输入功率下承受 30 次循环过载试验而不发生损坏。

⑧ 耐热性：电热管应能在规定的试验条件和试验电压下承受 1 000 次循环耐热性试验而不发生损坏。

2. 高温共烧陶瓷发热片

高温共烧陶瓷发热片（MCH）是直接在氧化铝（Al_2O_3）陶瓷生坯上印刷电阻浆料后，在 1 600 ℃左右的高温下共烧，再经电极、引线处理后所生产的新一代中低温发热元件。它是继合金电热丝、PTC 发热元件之后的又一个换代新品，广泛用于需要中低温加热的众多领域。

高温共烧陶瓷发热片的特点：

① 节能、热效率高，单位热耗电量比 PTC 发热元件节省 20％～30％。

② 表面安全、不带电,绝缘性能好,能经受 4 500 V/s 的耐压测试而无击穿,泄漏电流小于 0.5 mA。

③ 电阻-温度变化呈线性,可通过控制电阻轻易控制温度。

④ 长时间使用绝无功率衰减。

⑤ 升温快:以 500 W 的功率启动,经 20 s 后发热元件的温度达到 600 ℃ 以上;以额定功率启动,经 10 s 后其组件温度可达 200 ℃ 以上。

⑥ 安全,无明火。

⑦ 热均匀一致性好,功率密度高(不小于 50 W/cm²)。

⑧ 环保:不含铅、镉、汞、六价铬、多溴联苯、多溴二苯醚等有害物质,完全符合环保要求。

⑨ 使用寿命长。

3. PTC 电辅热技术

空调系统使用的电辅热技术是 PTC 电辅热技术。理论上,电辅热就是指用额外的电加热增加制热量,效果上会明显好不少。PTC 发热元件是一种半导体陶瓷发热体,当外界温度降低时,其电阻值随之减小、发热量反而会相应增加。依据此原理,采用 PTC 电辅热技术的空调系统能够根据房间温度的变化以及室内机风量的大小而自动改变制热量,从而恰到好处地调节室内温度,达到迅速、强劲制热的目的。一般来说,天气寒冷严重影响空调系统制热功能的正常发挥,而带有电辅热功能的空调系统由于电辅热对制热量的辅助调节作用,很好地克服了这一缺点,因此它十分适合在严寒地区使用。

采用 PTC 电辅热技术的空调系统的特点:

① 使用寿命长。PTC 发热元件的结构相对稳定,克服了其他电热元件受到高温或长时间工作而发生氧化或变质的缺点。其使用寿命是其他电热元件无法企及的。

② 使用起来更加安全可靠。PTC 发热元件具有很强的温度自限能力,即使空调系统出现故障影响机体散热也不会发生事故。PTC 发热元件的温度只能上升到 70~90 ℃,这和镍铬丝等其他电热元件的表面温度可上升到 300~800 ℃ 相比,安全得多。

③ 适用范围广泛。PTC 发热元件的额定电压为 220 V,但当电源电压在 100~240 V 变化时,根本不会影响 PTC 发热元件的发热能力,并且可以由控制器跟踪调节发热量。因此,它更为适用于电压不稳的地区。此外,PTC 发热元件能很快达到稳定工作状态,而且发热量的调节也极为方便。

3.3.4 空气源热泵

空气源热泵是一种利用高位能使热量从低位热源(空气)流向高位热源的节能装置,是热泵的一种形式。顾名思义,热泵也就是像泵那样,可以把不能直接利用的低位热能(如空气、土壤、水中所含的热量)转换为可以利用的高位热能,从而达到节约部分高位能(如煤、燃气、油、电能等)的目的。

1. 空气源热泵的特点

空气源热泵具有如下特点：

① 空气源热泵冷、热源合一，不需要设专门的冷冻机房、锅炉房，机组可任意放置于屋顶或地面，不占用建筑的有效使用面积，施工安装十分简便。

② 空气源热泵无冷却水系统，无冷却水消耗，也无冷却水系统动力消耗。另外，由冷却水污染导致的军团菌感染的病例已有不少报导，从安全卫生的角度考虑，空气源热泵也具有明显的优势。

③ 空气源热泵由于不需要锅炉和相应的锅炉燃料供应系统、除尘系统、烟气排放系统，因此安全可靠，对环境无污染。

④ 空气源热泵冷(热)水机组采用模块化设计，不必设置备用机组，运行过程中计算机自动控制、调节机组的运行状态，使输出功率与工作环境相适应。

⑤ 空气源热泵的性能会随室外气候变化而变化。

⑥ 在我国北方室外空气温度低的地方，由于空气源热泵冬季供热量不足，因此需设辅助加热器。在室外计算温度低于－20 ℃的地区不宜采用。

2. 空气源热泵应用的适应性

我国疆域辽阔，气候涵盖了寒、温、热带，按国家标准 GB 50178—1993《建筑气候区划标准》，全国分为 7 个一级区和 20 个二级区。与此对应，各地区空气源热泵的设计与应用方式等都应有不同。

夏热冬冷地区的气候特征是夏季闷热，7 月平均温度为 25～30 ℃，一年内日平均温度大于 25 ℃的天数为 40～100 天；冬季湿冷，1 月平均温度为 0～10 ℃，一年内日平均温度小于 5 ℃的天数为 0～90 天。温度的日较差较小，年降雨量大，日照偏少。因此，这些地区非常适合应用空气源热泵。

云南大部，贵州、四川西南部，以及西藏南部一小部分地区 1 月的平均温度为1～13 ℃，一年内日平均温度小于 5 ℃的天数为 0～90 天。在这样的气候条件下，一般建筑不设置供暖设备。但是，近年来，随着现代化建筑的发展和生活水平的提高，人们对居住和工作环境要求愈来愈高，因此，这些地区的现代化建筑也开始设置供热系统。在这种气候条件下，选用空气源热泵是非常合适的。

传统的空气源热泵在室外空气温度高于－3 ℃的情况下均能安全可靠地运行。因此，空气源热泵的应用范围早已由长江流域北扩至黄河流域，即已进入气候区划标准的Ⅱ区的部分地区内。这些地区的气候特点是冬季温度较低，1 月平均温度为－10～0 ℃，但是在供热期里温度高于－3 ℃的时间占很大的比例，而温度低于－3 ℃的时间多出现在夜间，因此，在这些地区以白天运行为主的建筑选用空气源热泵，其运行是可行而可靠的。另外，这些地区冬季气候干燥，最冷月室外相对湿度在45%～65%，因此，空气源热泵的结霜现象也不太严重。

3. 空气源热泵应用的局限性

我国寒冷地区冬季温度较低,而气候干燥。供热室外计算温度基本在−15～−5 ℃,最冷月平均室外相对湿度基本在 45％～65％。在这些地区选用空气源热泵,其结霜现象不太严重。因此,结霜问题不是在这些地区冬季使用空气源热泵的最大障碍。但存在一些制约空气源热泵在寒冷地区应用的问题:当需要的热量比较大的时候,空气源热泵的制热量不足;空气源热泵在寒冷地区应用的可靠性差;在低温环境下,空气源热泵的能效比(EER)会急速下降。

当空气源热泵在冬季运行时,若换热盘管强度低于露点,则表面产生冷凝水,冷凝水低于 0 ℃会结霜,严重时就会堵塞盘管,使其效率明显降低,为此必须除霜。先进科学的融霜技术是空气源热泵在冬季运行的可靠保障。除霜方法有多种,包括原始的定时控制、温度传感器控制和近几年发展的智能控制。最佳的除霜控制应是判断正确、除霜时间短。

3.3.5　水环热泵系统

水环热泵系统是指小型的水源热泵机组的一种应用方式,即用水循环环路将小型的水/热泵机组并联在一起,形成一个封闭环路,构成一套回收建筑内部余热作为其低位热源的热泵供热、供冷的系统。

典型的水环热泵系统由三部分组成:室内的小型水/热泵机组、水循环环路、辅助设备(如冷却塔、加热设备、蓄热装置等)。

水环热泵系统的基本工作原理是:当水/热泵机组制热时,以水循环环路中的水为加热源;当机组制冷时,以水为排热源。当水环热泵系统制热运行的吸热量小于制冷运行的放热量时,水循环环路中水的温度升高,当到一定程度时利用冷却塔放出热量;反之,当水循环环路中水的温度降低到一定程度时通过辅助加热设备吸收热量。只有当水/热泵机组制热运行的吸热量和制冷运行的放热量基本相等时,水循环环路中水的温度才能维持在一定范围内,此时系统高效运行。

制冷模式下流程:全封闭压缩机→四通换向阀→制冷剂-水套管式换热器→毛细管→制冷热交换器→四通换向阀→全封闭压缩机。

制热模式下流程:全封闭压缩机→四通换向阀→制热热交换器→毛细管→制冷剂-水套管式换热器→四通换向阀→全封闭压缩机。

水环热泵系统的优点主要包括调解方便,节能,可同时供冷、供热,经济性好,系统布置简洁灵活,设计方便,设计周期短,施工及运行管理方便;其缺点是噪声大,无新风。

水环热泵机组应采取隔振及消声措施,并应满足空调区噪声标准要求。

3.3.6　空气加热调控

(1) 一次加热

一次加热又称预加热,用于加热新风或新风与一次回风的混合风,一般只用于冬季很冷的地区。它先将新风预热,再与一次回风混合,以防止混合风达到饱和,产生水雾或结冰。如果在冬季新风、回风混合后无结冰,可能仍需加热混合风,则可先混合再加热。在温暖的南方或夏季可不设或不进行一次加热。当采用蒸汽或热水加热时,要控制热媒调节阀开度;当采用电加热时,通过可控硅电力控制器或固态继电器控制加热电功率。

(2) 二次加热

二次加热通常设在喷水室或表面式空气冷却器之后,或者设在二次回风混合功能段后。二次加热的目的是在有相对湿度要求的情况下,保证送风温度或空调室内温度。其控制方式与一次加热控制方式基本相同。

(3) 三次加热

三次加热又称精加热,通常是当温度控制精度高时,用于温度微调而设置的加热。它通常设在空调房间送风口风管中。

3.4　空气加湿处理

按水蒸发的热源不同可将加湿方法分成等焓加湿和等温加湿两大类。前者中水蒸发需要的热量取自空气本身(即显热变为潜热),而后者中水蒸发需要的热量由外界热源供给。

当空调调节区域对相对湿度有要求时,空调系统需要通过配置加湿装置达到需要的湿度要求。加湿装置的类型根据该区域热源、加湿量,以及相对湿度允许波动范围要求等,经技术经济比较确定。

当空调系统所在区域有蒸汽源时,宜采用干蒸汽加湿器。当空调区的湿度控制精度要求较严格、加湿量较小且无蒸汽源时,可以采用电极式加湿器、电热加湿器或高压微雾加湿器;当加湿量大时,宜采用淋水加湿器。当空调区的湿度控制精度要求不高,且无蒸汽源时,可采用高压喷雾加湿器或湿膜加湿器。当新风集中处理且有低温余热可利用时,宜采用温水淋水层加湿器。当生产工艺对空气中的化学物质有严格要求时,宜采用洁净蒸汽加湿器或初级纯水的淋水层加湿器。当现场具备大量余热资源,且湿度控制精度要求不严格时,可以采用二流体加湿器。

加湿装置的供水水质应满足工艺、卫生要求及加湿器供水要求。常见的加湿器主要有干蒸汽加湿器、高压微雾加湿器、湿膜加湿器、淋水层加湿器、电极式加湿器、高压喷雾加湿器、离心加湿器、汽水混合加湿器和比例超音波二相流加湿器等。

3.4.1 干蒸汽加湿器

干蒸汽加湿器分为手动调节控制式、电磁阀控制开关式、电动执行器控制比例式三种类型。

1. 干蒸汽加湿器的工作原理

干蒸汽加湿器的工作原理如图 3.1 所示。饱和蒸汽从饱和蒸汽入口进入干蒸汽加湿器,在套管中轴向流动。利用蒸汽的潜热将中心喷杆加热,确保中心喷杆喷出的是纯的干蒸汽,即不夹带冷凝水的蒸汽。

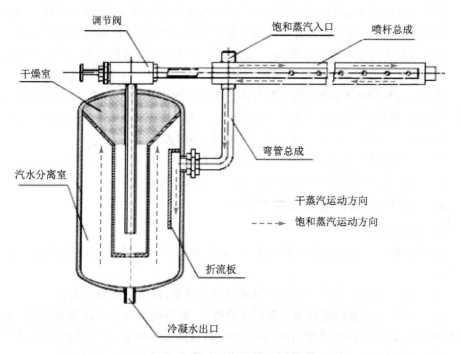

图 3.1 干蒸汽加湿器的工作原理

饱和蒸汽经套管进入汽水分离室,汽水分离室内设折流板,使饱和蒸汽进入分离室后产生旋转,且垂直上升流动,从而高效地将蒸汽和冷凝水分离。分离出的冷凝水从汽水分离室底部通过疏水器排出。

当需要加湿时,打开调节阀,干蒸汽进入中心喷杆,从带有消声装置的喷孔中喷出,实现对空气的加湿。

2. 干蒸汽加湿器的特点

干蒸汽加湿器的加湿量大,能实现快速、均匀、洁净加湿,加湿效率高(可达 95％以上),不耗电,安装简单,运行维护费用低;蒸汽分布均匀,无局部过饱和现象;采用全不锈钢材料制造,美观耐用;采用网状不锈钢汽水分离器进行二次蒸发汽化,使蒸汽和水彻底分离;独特的双层蒸汽套管和消音结构,可确保喷出蒸汽绝无喷水现象,以及蒸汽在流动和喷射过程中绝无哨声或噪声;同时,可将电动调节阀、电磁阀与手动干蒸汽加湿器有机结合为一体,实现对湿度的远程精确调节控制。

干蒸汽加湿器需要使用外部蒸汽源(如锅炉或局域蒸汽系统的蒸汽),必须有输汽管道系统。该设备结构比较复杂,初始投资高。

3. 干蒸汽加湿器的选型

干蒸汽加湿器的控制参数为喷杆杆径和喷孔孔径等,其加湿量与喷杆杆径、蒸汽压力及喷孔孔径有关。应根据空调机组或风道宽度选择喷杆的型号。

干蒸汽加湿器按控制方式分为手动控制型、电磁通断型、电动两通型和比例调节型。根据控制要求,选择调节方式。为了使湿度调节更为精确,选择电动或气动等比例式执行器是非常必要的。而使用开关控制形式会因瞬间饱和状态下产生一定量的冷凝水而引起加湿精确度降低等问题。

根据空调机组的形式或安装要求,确定干蒸汽加湿器的左右式。一般地,若空调机组为右式,则应安装右式干蒸汽加湿器;反之,应安装左式干蒸汽加湿器。只有这样,才能保证所喷出的干蒸汽是逆向空气流动方向的。

干蒸汽加湿器左右式判定规则:从蒸发罐向喷杆方向看,若喷杆喷出的蒸汽方向向右,则该干蒸汽加湿器为左式;反之,则该干蒸汽加湿器为右式。

4. 干蒸汽加湿器选配及安装要点

(1) 选配要点

① 为确保干蒸汽加湿器运行可靠,宜在饱和蒸汽入口处设减压阀,以使蒸汽压力稳定。

② 干蒸汽加湿器蒸汽干管上须加装蒸汽过滤器,以防杂质堵塞喷孔。

③ 干蒸汽加湿器的喷管和蒸发罐及管接件、调节阀必须是不锈钢材质的。其喷管必须采用双层复合管,外层由蒸汽进行保温,以降低热辐射、减少蒸汽冷凝;内层为蒸汽喷射管,喷口必须装有消音用的不锈钢网,避免汽喷出时发出啸叫声。

④ 干蒸汽加湿器的蒸汽罐内必须设折流板,迫使蒸汽转向,实现最佳减速和最大汽水分离。蒸发罐内部设干燥室,干燥室装有不锈钢消音介质,吸收流动蒸汽的燥声,消除冷凝水的夹带喷射。蒸发罐底部设冷凝水出口,接口为螺纹连接,便于疏水器接通,以利于冷凝水的顺利排放。

⑤ 干蒸汽加湿器的调节阀须为锥形,以精确地调节输出蒸汽的流量。

⑥ 干蒸汽加湿器的喷管长度要与空气处理设备的宽度相一致,以达到蒸汽分布均匀的效果。

(2) 安装要点

① 应优先考虑将喷管组件设置在空气处理设备内,并应将它布置在加热器与送风机之间,且尽可能靠近加热器、远离送风机。当组件被布置在风管内时,它应处于

消声器之前,并应位于风管断面的中心位置。

② 喷杆的末端应向上略微倾斜,以利于冷凝水都能流回汽水分离室。应将喷杆安装在距表面式空气冷却器下游 250 mm 以上的地方,且应尽可能将喷杆安装在加热器与消声器之间,以利于消除蒸汽喷射噪声。喷杆与控制感应元件之间应保持 2 m 以上的距离。

③ 当加湿量加大时,为了确保加湿效果,应采用多管式布置形式。当安装多喷管时,喷管间距应相等。

④ 干蒸汽加湿器的安装应保证在吸收距离之内,否则采用多喷管干蒸汽加湿器,喷杆应与气流方向成一条直线。

⑤ 干蒸汽加湿器宜水平安装,即将调节阀立装在空气处理设备或风管侧。若采用垂直安装,则应将调节阀平置在风管的底部,不得将它平置在风管的顶部。

5. 干蒸汽加湿器的管路连接

干蒸汽加湿器的管路连接如图 3.2 所示。若在饱和蒸汽主管路上设置了蒸汽减压阀,则在连接干蒸汽加湿器的支管路上不必增设蒸汽减压阀。

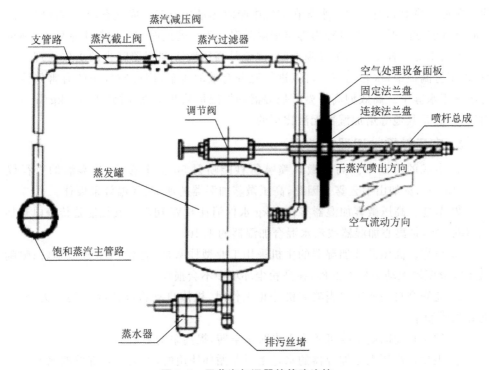

图 3.2 干蒸汽加湿器的管路连接

6. 干蒸汽加湿器的运行维护要点

① 在开启空调机组 3～5 min 后开启干蒸汽加湿器,在关闭干蒸汽加湿器 5～

6 min 后关闭空调机组。当开启干蒸汽加湿器时应先开蒸汽源,再开电源;当关闭干蒸汽加湿器时应先关电源,再关蒸汽源。

② 当饱和蒸汽的压强大于 0.4 MPa 时,应及时关闭蒸汽源。

③ 当维修、保养干蒸汽加湿器,以及干蒸汽加湿器长期停放时,应切断电源、关闭蒸汽源,并将蒸发罐内存的冷凝水排净。

④ 干蒸汽加湿器经长期停放后,在重新开机前应检查各部位是否可靠。

3.4.2　高压微雾加湿器

大型工业高压微雾加湿器是新一代节能、高效、洁净的加湿设备,在众多的工业领域迅速得到推广应用,已成为替代高压喷雾加湿器、汽水混合加湿器、淋水层加湿器等众多加湿器的较好选择。

1. 高压微雾加湿器的工作原理

高压微雾加湿器使用高压陶瓷柱塞泵通过专业高压 PE 管路将净化过的水加压至 3~7 MPa,然后通过高压水管将高压水传送到特殊的微雾喷嘴上,并以 3~10 μm 的水雾形式喷射到空气中。水雾在空气中吸收热量从液态变成气态,空气湿度增大,同时空气温度降低,这个过程为等焓加湿降温过程。若此时空气中粉尘量较大,则粉尘会因与水雾结合变重而沉降到地面,这就是高压微雾加湿器降尘的工作原理。同时,由于雾滴极细,水雾与空气可以进行充分有效的接触,因此空气中的有害气体也易溶解于水雾中。高效型高压微雾加湿器的加湿量从几千克/时到 1 500 kg/h 可自由选择,这是其他等焓加湿器无法比拟的。

2. 高压微雾加湿器的特点

① 生成的雾滴细。高压微雾喷嘴每秒能喷射 50 亿个雾滴,且雾滴的直径仅 0.5~15 μm,犹如山中云雾。因此,高压微雾加湿器的加湿、降温效果极佳。

② 节能。高压微雾加湿器雾化 1 kg 水仅消耗 6 W 功率。其耗能是传统电热加湿器的 1%,是离心加湿器或汽水混合加湿器的 1/10。

③ 可靠。高压微雾加湿器的主机采用工业型柱塞泵,能够 24 h 连续运转;喷嘴及水雾分配器无动力易损部件,在高粉尘环境中不会损坏。

④ 能安全自动泄压。当喷雾机停止工作时,机体自动将高压喷管的压力释放,防止喷嘴滴水。

⑤ 缺水自动断电系统可防止无水时泵空转,提高泵的寿命。

⑥ 卫生。高压微雾加湿器的水是密封非循环使用的,不会导致细菌的繁殖。

⑦ 加湿量大且喷嘴可以自由组合。高压微雾加湿器的加湿量可从 5~900 kg/h 进行无级调节,在加湿量范围内可任意配置喷嘴,还可以任意组合喷嘴进行加湿精度的调整。

⑧ 高压微雾加湿器的加湿、降温效率极高,在室内可达 100%,即使在空气处理

设备内,效率也高达 90% 以上,是其他等焓加湿器所无法比拟的。

3. 高压微雾加湿器系统组成

① 泵站单元:高压陶瓷柱塞泵能产生 3～7 MPa 的高压水,可适应 5～900 kg/h 流量间的稳压调整,并有多种保护功能,性能稳定、可靠耐用、工作连续性强。

② 微雾喷嘴:核心部分采用钛合金制造、自带限压启动阀,外壳采用铜或不锈钢制造,具有喷雾细、耐磨损、压力损失小、防堵塞、不滴水等特点。

③ 控制单元:采用全自动控制,自动过滤、自动加湿,自带湿度控制接口,可实现湿度的自动调节和控制。

④ 高压分路阀单元:高压分路阀可根据要求实现向多路微雾器喷嘴自动供水或泄水。

⑤ 超强过滤器:配有 5 μm、10 μm 双级水过滤器,有效解决水质问题,确保喷嘴不被堵塞。

⑥ 高压管路:采用高压无缝紫铜管、高压无缝不锈钢管或高压橡胶钢丝复合管,避免铁锈水堵塞喷嘴。管路最长可达 150 m。

4. 高压微雾加湿器安装使用要点

① 若在寒冷地区使用高压微雾加湿器,则应注意采取防冻措施;当主机安装在户外时,必须采取防雨措施。在使用完毕后切断水源,让高压微雾加湿器工作 5 s,排尽泵内的余水,以防止冻坏高压陶瓷柱塞泵。应避免在无水状态下运转高压陶瓷柱塞泵。

② 喷嘴的安装高度距离地面至少 2 m,距离房屋内顶至少 0.5 m。一方面是为了增加雾滴在空气中蒸发、汽化的时间,另一方面是为了避免雾滴喷到障碍物而产生水滴。

③ 喷嘴的安装角度以水平往上倾斜 5°～15° 为佳。

5. 高压微雾加湿器的适用范围

高压微雾加湿器特别适合在高空间、大面积车间使用,如用于纺织、卷烟、电子、喷涂、酿造和印刷等行业的空间整体或局部加湿。高压微雾加湿器应用于纺织车间,可有效保湿、增湿,从而达到除静电、除尘的效果,使设备持续运作,不停车、不卡车、效率大增;减少飞花、断头、疵点、毛糙不平和纤维脆弱等问题;能够有效提高回潮率,实现增重、增产、增收。高压微雾加湿器用于电子行业,能够有效消除静电、保持温度,从而增加印刷附着强度减少次品和废品率。

3.4.3 湿膜加湿器

由于湿度环境的重要性,加湿器还有很大的发展空间。新型加湿器的研发重点在提升加湿效果、节能、解决"白粉"和减少水垢问题等方面。根据加湿器所存在的问题以及适用范围,可推断出加湿器将会朝着高精度控制、低能耗、低噪声、少污染、少病菌、加湿迅速、加湿范围大等方向发展。而湿膜加湿器正是符合上述研究方向的一种加湿器。

湿膜加湿器是空调机组内置加湿器件，主要由湿膜、风机、电机、风叶、水泵和电控部分等组成。其核心部件是蒸发介质——湿膜，它是由植物纤维或玻璃纤维加入特殊化学原料制成的，具有良好的吸水性及蒸发性。

1. 湿膜加湿器的工作原理

湿膜加湿器的工作原理为：水经上水泵由管路送至淋水系统，其下部是高吸水性的加湿材料——湿膜；水在重力作用下沿湿膜向下渗透，被湿膜吸收，形成均匀的水膜；当干燥的空气通过湿膜时，水分子充分吸收空气中的热量而汽化、蒸发，使空气的湿度增加，形成湿润的空气。空气的湿度增加使温度下降，但空气的焓值保持不变。湿膜加湿器分为直排水加湿和循环水加湿两种方式。

湿膜直排水加湿器的加湿原理如图3.3所示。经过电磁阀的清洁自来水通过进水管路被送到湿膜顶部的布水器，水在重力作用下沿湿膜表面往下流，从而将湿膜表面润湿，流到水箱中的水通过排水管路排到下水管中，此水不循环使用。

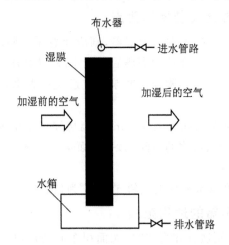

图3.3 湿膜直排水加湿器的加湿原理

湿膜循环水加湿器的加湿原理如图3.4所示。洁净的自来水（或冷冻水）通过进水管路被送到循环水箱中，进入循环水箱的水由浮球阀或液位开关来控制。循环水泵将循环水箱中的水送到湿膜顶部的布水器，布水器将水均匀分布，水在重力作用下沿湿膜表面往下流，将湿膜表面润湿。从湿膜上流下来的未蒸发的水流进循环水箱，再由循环水泵送到湿膜顶部的布水器，此过程循环往复，从而达到节水的目的。

由理论分析可以得知，低温水的焓值较低，从液态变成气态所需要吸收的空气热量也较大，往往水还没有被汽化就从湿膜顶部流到了底部，此时水的温度虽然升高了，但又白白地流走了，造成能源的浪费且又达不到预定的加湿量。而湿膜循环水加湿器工作一段时间后水温会比较高，此种温度的水的焓值远高于冬季自来水的焓值，

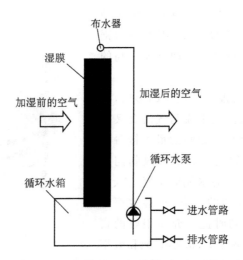

图 3.4　湿膜循环水加湿器的加湿原理

汽化比较容易,因此湿膜循环水加湿器的加湿效果好。工程上一般都优先采用湿膜循环水加湿器。

2. 湿膜加湿器的特点

湿膜加湿器对空气有过滤作用,具有良好的加湿、降温功效;能实现洁净、等焓加湿,且不会产生"白粉"现象;加湿能力可自我调节,不会产生过饱和、结露现象;加湿距离短,从而使空调机组的体积减小;强度高,使用寿命长;噪声小,维护、保养方便,运行费用低。但其体积大,加湿量小,且加湿量跟风量、湿膜厚度、风压、风速和空气温湿度等参数有直接关系;当使用自来水时,湿膜容易结垢,水垢不吸水,使蒸发面积减小,加湿量锐减,因此每年要更换膜;湿膜直排水加湿器的蒸发效率较低,运行时浪费很多水。

有机湿膜加湿器吸水性好、饱和效率高、材质轻、造价低,但容易腐烂、易滋生细菌,需每年更换湿膜;无机湿膜加湿器吸水性好、饱和效率高,但易碎,不便于安装、搬运,现已很少使用;铝合金湿膜加湿器吸水性差、饱和效率低、造价高,但不易腐烂,可反复清洗,适合作湿膜循环水加湿器。

3. 湿　膜

湿膜是湿膜加湿器的核心,分为有机湿膜、无机湿膜、铝合金湿膜、不锈钢湿膜和陶瓷湿膜等。湿膜具有较强的吸水性、很好的自我清洁能力和阻燃性,且无毒、耐酸碱、耐霉菌,并能提供水分与空气间的最大接触表面积。

不锈钢湿膜是在经历了有机、无机、铝合金三种材料的湿膜之后,最新研制的湿膜产品。它选用很薄的不锈钢板为原料,经过表面冲孔、刺孔,轧制存水细波纹,并做钝化和亲水处理而制成。水在湿膜里曲折立体流动,不锈钢湿膜表面刺孔被水膜张力连接封堵,克服了浸润性差的缺点。由于冲孔的存在,加上采用高密度布水,因此不锈钢湿膜加湿效率比较高,适合于洁净度要求高的工业加湿场所。

图 3.5 湿 膜

湿膜一般采用波纹板交叉重叠的形式,如图 3.5 所示,可以同时控制水流与气流交叉流动的方向,并提供水流与气流间的最大接触表面积。这种结构中倾斜角度大的波纹朝向空气进入方向,以确保大量的水流向空气进入方向,这里正是蒸发最强烈的地方,加湿效率比较高。这种结构方式同时提供介质很好的自身清洁效果。在一定条件下,湿膜的饱和效率和标准加湿量如表 3.6 所列。四种湿膜的比较如表 3.7 所列。

表 3.6　湿膜的饱和效率和标准加湿量

湿膜厚度/mm	无机/有机湿膜			金属湿膜		
	压强损失/Pa	饱和效率/%	标准加湿量/$(kg \cdot h^{-1})$	压强损失/Pa	饱和效率/%	标准加湿量/$(kg \cdot h^{-1})$
50	35	37	33	36	40	36
100	42	55	49	52	60	54
150	83	75	67	87	84	76
200	125	85	76	125	91	85
250	140	90	80	150	93	87
300	190	95	88	195	97	90

注:湿膜倾角为 45°,面风速为 2.5 m/s,加湿前温度为 35 ℃,加湿前相对湿度为 5%。

4. 湿膜加湿器的性能影响因素

(1) 湿膜的蒸发面积对含湿量的影响

影响湿膜加湿器加湿性能的因素很多,增大湿膜的蒸发面积是提高加湿效率的主要途径。为克服加湿能力低的缺点,必须在不改变湿膜加湿器尺寸的情况下,大幅度扩大湿膜的蒸发面积。

(2) 湿膜厚度含湿量的影响

湿膜厚度的增加使空气与润湿填料的接触时间加长,加湿效果应该更好。但随着湿膜厚度的增加,含湿量接近饱和含湿量。如果再增加湿膜的厚度则对空气的处理已经没有意义,因此,应选取合适的湿膜厚度。

表 3.7 四种湿膜的比较

类型	加湿原理	主要材料	最高耐水温度/℃	吸水性	湿挺度	防水性能	适用范围	使用寿命/年	饱和效率/%	1 m² 标准加湿能力/(kg·h⁻¹)	加湿洁净度
有机湿膜	湿膜具有亲水性，能将吸收在其中的水分均匀地分布在表面，形成水膜。当空气流经湿膜表面时，汽化层中的水分蒸发、汽化，被吸收到空气中	植物纤维+高分子聚合材料+防腐剂	120	强	一般	差	舒适性加湿	5~7	70	40	较高
无机湿膜		玻璃纤维	125	很强	差	一般	舒适性加湿	5~7	70	42	低
铝合金湿膜		亲水铝箔	190	差	强	强	过滤清洁空气、工艺性加湿、空气预冷	15	75	45	高
不锈钢湿膜		亲水不锈钢箔	200	差	很强	很强	核工业/电厂蒸发冷却、工艺性加湿、过滤清洁空气	40	75	45	高

(3) 空气流速对含湿量的影响

随着风速的增大,加湿量逐渐增大,而在加湿量达到一定值后,再提高风速,加湿量就呈现下降趋势。一方面,风速增大,热质交换系数增大,加湿效果提高,但风速太大会导致空气与湿膜之间接触时间缩短而削弱加湿效果,空气阻力也会急剧升高;另一方面,在加湿过程中,空气与水表面的饱和空气层之间的温差和水蒸气分压差是推动力,当空气的相对湿度增大到一定值时,水蒸气分压差降低,进入空气中的水蒸气减少,加湿效果降低。因此,应采用适宜的风速,不要太大。

(4) 入口空气温度和水温

对于一定结构的湿膜加湿器,空气和水的初参数决定了热湿交换推动力的大小。入口空气状态决定着空气吸收水分的能力,入口空气的干湿球温差越大,热质交换的推动力越大,降温、加湿效果就越好。

5. 湿膜加湿器的应用

湿膜加湿器是一种洁净、节能的新型加湿设备,结构简单,因为只有循环水泵耗电,所以它耗能低,而且对水质没有特殊要求,可以对空气进行洁净加湿。因此,它广泛应用于程控机房、计算机房、造纸车间、烟草加工车间、电子生产车间、办公室和居室等场所。

因为水蒸发要吸热,具有空气冷却效应,所以湿膜加湿器被广泛应用于空调领域。将室外空气经湿膜加湿器处理后直接送到室内,在干燥地区采用这种形式处理空气可以在能耗较低的情况下满足室内人员对舒适度的要求。在需要大通风量的工业场所,例如大中型粮库,当对粮食进行增湿调质时,湿膜加湿器可以在设备投资很少的情况下较好改善粮库的室内环境,使粮食可以满足加工要求,提高企业的经济效益。与空调组合加湿就是把湿膜加湿器组装到空调机组内,对室外新风进行预处理,这样可以降低空调能耗,有利于提高空调机组的冷却效率,而且还可以改善或提高室内空气环境品质。在过渡季节当冷负荷较小时,可以利用湿膜加湿器处理空气,而无须开制冷机,这有利于空调系统的节能。我国西部地区气候干燥、电资源紧张,湿膜加湿器可以在消耗较小电能的情况下提供舒适的室内环境,满足生活、工作需要。

3.4.4 淋水层加湿器

淋水层加湿器是指将水喷淋在纤维或多孔材料上,空气流过使水蒸发的加湿器。它主要安装于空调新风机组、组合式空调机组中,由循环水箱、循环水泵、喷嘴及管路系统、均流板、挡水板和控制系统组成。

(1) 循环水箱

循环水箱整体采用不锈钢制成,内有循环管路、自动进水和强制进水装置、自动溢水装置。可选配消耗性自动循环过滤装置、水位检测装置和自助水箱冲洗装置。

(2) 循环水泵

循环水泵回水采用抗涡流设计,运行平稳,噪声小、振动小。

(3) 喷嘴及管路系统

喷嘴选用不锈钢材质的专用喷嘴,具有耐腐蚀、耐磨损特性。水从喷嘴入口进入后,沿着涡流通道旋转喷出,其喷雾形状为空心圆锥形,喷射区域呈空心圆环状。喷嘴内部结构没有任何叶片等阻挡物,不易堵塞。喷嘴数量根据水量要求设置。

管路系统可采用单排喷雾、多排喷雾等,喷嘴管排间距一般大于 800 mm。

3.4.5 电极式加湿器

(1) 电极式加湿器的工作原理

当水中含有微量盐类时,水就会成为一种导电液体。当电导率为 125 ~ 1 250 $\mu s/cm$ 的水进入电极加湿罐时,计算机先测出水的电导率;当水漫过加湿罐内的电极时,电极将通过水构成电流回路,并加热水至沸腾,产生蒸汽。电极式加湿器通过控制加湿罐中水位的高低和电导率的大小,进而控制蒸汽的输出量。

(2) 电极式加湿器的选型

电极式加湿器的加湿量为蒸汽输出量,可参照各加湿器品牌样本,根据加湿量选择相应型号的加湿器。

(3) 电极式加湿器的使用条件

① 环境温湿度:电极式加湿器周围温度为 0~40 ℃,相对湿度小于 80%。

② 进水水质:使用洁净自来水或软化水,其电导率为 125~1 250 $\mu s/cm$(电阻率为 800~8 000 $\Omega \cdot cm$);不可以使用去离子水或蒸馏水。

③ 水质硬度:小于 30 °dH(1 °dH=0.178 mmol/L)。

④ 进水温度:1~40 ℃。

⑤ 进水压力:0.1~0.8 MPa。

(4) 电极式加湿器的特点

优点:控制精度高,提供洁净蒸汽,吸收距离短。

缺点:罐体易结垢,清洗困难;当控制出现故障时,罐体易干烧;耗电量大。

3.4.6 其他加湿器

(1) 高压喷雾加湿器

高压喷雾加湿器利用小型水泵对水加压,通过特制陶瓷喷嘴将自来水变成较小的雾滴向气流中喷出,水雾与气流进行热交换后蒸发,从而达到加湿的目的。

(2) 离心加湿器

离心加湿器利用电机带动吸水器和雾化盘高速旋转,将水不断地从储水盘中吸出。在离心力的作用下,水被破碎成小颗粒,小颗粒高速碰撞雾化格栅,得到二次破碎,变成水雾。水雾在出风诱导下涌出加湿器,进入加湿空间,达到加湿的目的。

(3) 汽水混合加湿器

汽水混合加湿器将自来水和压缩空气送到控制箱,经调压处理后供给特制喷嘴一起喷出,利用空化效应使水雾化,达到加湿目的。

3.5 空气冷却除湿处理

空气中水蒸气的溶解度随温度不同而变化。空气的温度越高,容纳水蒸气的能力越强;温度越低,水蒸气的溶解度越低。

在集中式空调中,空气处理无论调温和调湿都必须提供所要求的冷媒。因此,需要集中设置制冷系统,而且在空调自动控制设计时要同时考虑冷源的控制。

空调制冷方式有两种,即压缩式制冷和热力制冷。

1. 压缩式制冷

压缩式制冷用的主要设备是压缩机和其他制冷辅助装置。制冷压缩机有往复活塞式、离心式和螺杆式三类。制冷剂主要有氨、氟利昂等。此类制冷方式靠消耗电能作为补偿。

2. 热力制冷

热力制冷包含两种形式,即溴化锂吸收式制冷和蒸汽喷射式制冷。

(1) 溴化锂吸收式制冷

溴化锂吸收式制冷以热能为动力,是以消耗热能作为补偿的。此种制冷方式以水为制冷剂、以溴化锂溶液为吸收剂,制取 0 ℃以上的空调用冷水。其特点是可利用低势热能和废热($p>30$ kPa 的蒸汽,$t>85$ ℃的热水),经济效果好。国内溴化锂吸收式制冷的冷水温度在 5~10 ℃范围。

(2) 蒸汽喷射式制冷

蒸汽喷射式制冷利用高压水蒸气通过喷射器造成低压,使冷剂水在低压下蒸发吸热,制成高于 5 ℃的空调所需冷水。这种制冷方式适用于有高压蒸汽可供使用的工厂。

有低湿环境要求的空气调节区,宜采用冷却除湿与其他除湿方法联合的方式对空气进行除湿处理。大、中型恒温恒湿类空调系统和对相对湿度有上限控制要求的空调系统,新风宜预先单独处理或集中处理,以除去多余的含湿量。

表面式空气冷却器可以对空气进行等湿冷却和除湿冷却两种处理过程。当表面式空气冷却器表面温度低于空气的干球温度、但高于露点时,空气通过表面式空气冷却器经热交换后,温度降低但未结露,含湿量没有减少,这是等湿冷却过程,也称干工况。当表面式空气冷却器表面温度低于空气初始状态的露点时,空气通过表面式空气冷却器后温度降低,而且空气中的水蒸气将在表面式空气冷却器表面凝结,使空气含湿量减少,这是除湿冷却过程,也称湿工况。空气在湿工况处理过程中既有显热交换,又有潜热交换。因此,湿工况的冷却能力比干工况大。

3.5.1 空气的蒸发冷却

在中国西北部地区等干热气候区,夏季空气的干球温度高、含湿量低,室外干燥,空气不仅可直接用于消除空调区的湿负荷,还可以通过间接蒸发冷却等来消除空调区的热负荷。在新疆、内蒙古、甘肃、宁夏、青海和西藏等地区,应用蒸发冷却技术可大量节约空调系统的消耗。

1. 蒸发冷却的类型

蒸发冷却分为直接蒸发冷却和间接蒸发冷却。

(1) 直接蒸发冷却

直接蒸发冷却是指干燥空气和水直接接触的冷却过程,在空气处理过程中空气和水之间的传热、传质同时发生且相互影响。

典型的直接蒸发冷却装置有喷水室和水膜式蒸发冷却器。直接蒸发冷却装置利用喷淋水的喷淋雾化或淋水填料层直接与待处理空气接触来冷却空气。在常规情况下,喷淋水的温度低于待处理空气的温度,空气将会因不断地把自身的显热传递给水而温度降低。与此同时,喷淋水也会在不断吸收空气中热量的过程中蒸发,水蒸气会随着气流被带入室内。这种利用空气的显热换得潜热的空气处理过程被称为直接蒸发冷却。它是绝热降温加湿过程,产生的效果是新风既得以降温,又实现了加湿。其极限温度能达到空气的湿球温度。

(2) 间接蒸发冷却

在某些情况下,当对待处理空气有进一步的要求(如要求含湿量或比焓较低)时,就应采用间接蒸发冷却。间接蒸发冷却可避免传热、传质的相互影响,为等湿降温过程,其极限温度能达到空气的露点。间接蒸发冷却又可分为两类:

① 利用直接蒸发冷却的二次空气通过换热器对一次空气(被冷却空气)进行干冷却。

② 利用蒸发冷却获得的冷水通过换热器对空气进行冷却。

间接蒸发冷却类似于空气-空气换热,有三种主要形式。第一种是利用一股辅助气流先经喷淋水直接蒸发冷却,温度降低后,再通过空气-空气换热器来冷却待处理空气,并使之降低温度。由此可见,待处理空气通过间接蒸发冷却所实现的便不再是等焓加湿降温过程,而是减焓等湿降温过程,从而得以避免由于加湿而把过多的湿量带入空调区。如果将上述两种过程放在一个设备内同时完成,这样的设备便成为间接蒸发冷却器。第二种是间接蒸发冷却器有两个通道,第一通道通过待处理空气,第二通道通过二次空气并喷淋循环水。在第二通道中,二次空气把水冷却到接近其湿球温度,水通过盘管把第一通道内的待处理空气冷却下来。第三种是待处理空气经过由蒸发冷却冷水机组制取高温冷水(16~18 ℃),使空气减焓等湿降温。待处理空气通过间接蒸发冷却所实现的空气处理过程为等湿降温过程,其极限温度能达到空气的露点温度。

常用的间接蒸发冷却器有两类:板翅式和管式。

2. 全空气蒸发冷却系统

(1) 一级蒸发冷却系统

我国一些地区夏季空调室外计算干、湿球温度不高,用直接蒸发冷却对室外空气进行处理,空气冷却后的状态可以达到一般舒适性空调的送风要求。

(2) 两级蒸发冷却系统

室外空气先经间接蒸发冷却处理后再进行直接蒸发冷却,以获得温度和含湿量均低的送风状态。

(3) 三级蒸发冷却系统

第一级为间接蒸发冷却——室外空气用冷却塔的冷水通过空气冷却器来冷却,第二级为间接蒸发冷却,第三级为直接蒸发冷却。

3. 蒸发冷却的主要特点

① 能耗低。

② 全空气蒸发冷却系统是全新风系统。

③ 初始投资少,维修保养费低。

④ 受气候条件的制约,蒸发冷却的应用场所、系统形式、地区均受到限制。

⑤ 蒸发冷却都采用循环水喷淋,容易产生水垢;淋水填料层容易被灰尘所堵塞;集水盘等存水的地方易滋生微生物。

4. 蒸发冷却冷水机组的供回水温度

蒸发冷却冷水机组的供水温度应结合当地室外空气计算参数、室内冷负荷特性、末端设备的工作能力合理确定。直接蒸发冷却冷水机组设计供水温度,宜高于夏季空调室外计算湿球温度 $3\sim3.5$ ℃;间接蒸发冷却冷水机组设计供水温度,宜高于夏季空调室外计算湿球温度 5 ℃;间接-直接复合蒸发冷却冷水机组的设计供水温度,宜在夏季空调室外计算湿球温度和露点之间。

蒸发冷却冷水机组设计供回水温差宜遵循下列原则:

① 大温差型冷水机组宜小于或等于 10 ℃。

② 小温差型冷水机组宜小于或等于 5 ℃。

采用何种形式的冷水机组应结合当地室外空气计算参数、室内冷负荷特性、末端设备的工作能力合理确定。水系统温差过小会增加水泵运行功耗,水系统温差过大会增加冷水机组单位冷量的能耗,应根据技术经济的合理要求确定蒸发冷却冷水机组设计供回水温差。

当蒸发冷却冷水机组采用小温差供水方式时,空调末端宜并联;当蒸发冷却冷水机组采用大温差供水方式时,空调末端宜串联,且冷水宜先流经显热末端,再流经新风机组。

5. 蒸发冷却装置的选用准则

① 当采用蒸发冷却时,应根据具体的使用工况选择直接蒸发冷却装置、间接蒸发冷却装置或复合式蒸发冷却装置。直接蒸发冷却是绝热加湿过程,实现这一过程是直接蒸发冷却装置的特有功能,是其他空气冷却处理装置所不能代替的。

② 当夏季空调室外计算湿球温度较高或空调区显热负荷较大,但无散湿量时,采用多级间接加直接蒸发冷却器可以得到较大的送风温差,以消除室内余热。

③ 当采用江水、湖水、地下水作为冷源时,其水温一般相对较高,若采用间接蒸发冷却处理空气,则一般不易满足要求。此时宜采用喷水室。当水温适宜时,应选用两级喷水室。采用空气与水直接接触冷却的两级喷水室比间接蒸发冷却更易满足要求,还可以节省水资源。

④ 当采用人工冷源时,宜采用表面式空气冷却器或喷水室。表面式空气冷却器占地面积小、水的管路简单,特别是其可采用闭式水系统,可减少水泵安装数量,节省水的输送能耗,且空气出口参数可调性好,因此它比其他形式的冷却器得到了更加广泛的应用。其缺点是消耗有色金属较多,因此价格也相应地较贵。

⑤ 在夏季空调室外计算湿球温度较低的地区,宜采用直接蒸发冷却冷水机组作为空调系统的冷源;在露点较低的地区,宜采用间接-直接蒸发冷却冷水机组作为空调系统的冷源。在通常情况下,当室外空气的露点低于 14～15 ℃时,采用间接-直接蒸发冷却方式,可以得到接近 16 ℃的空调冷水作为空调系统的冷源。直接蒸发冷却式系统包括水冷式蒸发冷却、冷却塔冷却、蒸发式冷凝等。在西北部地区等干燥气候区,可通过蒸发冷却方式直接提供用于空调系统的冷水,减少人工制冷的能耗,在符合条件的地区推荐优先推广采用。

3.5.2　空气的除湿

常用的空气除湿方法有升温除湿、通风除湿、冷冻除湿、溶液除湿、固体除湿和干式除湿等。

① 升温除湿:湿空气通过加热器进行显热交换,在温度升高的同时,相对湿度降低。其优点为简单易行,投资和运行费用都不高。其缺点为除湿的同时空气温度升高,且空气不新鲜。该除湿方法适用于对室内温度没有要求的场合。

② 通风除湿:向潮湿空间输入较干燥的室外空气,同时排出等量的潮湿空气。其优点为经济、简单。其缺点为保证率较低,有混合损失。该除湿方法适用于室外空气干燥、室内要求不很严格的场合。

③ 冷冻除湿:当湿空气流经低温表面时,其温度下降至露点以下,则其中的水蒸气冷凝析出。其优点为性能稳定,工作可靠,能连续工作。其缺点为设备费和运行费较高,有噪声。该除湿方法适用于空气露点高于 4 ℃的场合。

④ 溶液除湿:以空气的水蒸气分压力 P_v 与除湿溶液表面的饱和蒸汽分压力 P_s

之差为推动力而进行质传递。由于 $P_v > P_s$,因此水蒸气由气相向液相传递。随着质传递过程的进行,空气的含湿量减少。其优点为除湿效果好,能连续工作,兼有清洁空气的功能。其缺点为设备比较复杂,初始投资高,再生时需要有热源,冷却水消耗量大。该除湿方法适用于除湿量大、室内显热比小于 60% 、空气出口露点低于 5 ℃的系统。

⑤ 固体除湿:利用某些固体物质表面的毛细管作用,或相变时的蒸汽分压力差吸附或吸收空气中的水分。其优点为设备简单,投资和运行费用都较低。其缺点为除湿性能不太稳定,并随时间的增加而下降,需要再生。该除湿方法适用于除湿量小,要求露点低于 4 ℃的场合。

⑥ 干式除湿:湿空气通过用吸湿材料加工成的载体(如氯化理转轮),在水蒸气分压力差的作用下,吸收或吸附空气中的水分成为结晶水,而不变成水溶液;当转轮旋转至另一半空间时,吸湿载体通过加热而被再生。其优点为吸湿面积大,性能稳定,湿度可调,除湿量大,能连续进行除湿且全自动运行。其缺点为设备较复杂并需要再生。该除湿方法使用温度范围宽,特别适合在低温、低湿状态下应用。

以下详细介绍固体除湿的除湿剂和干式除湿方法的典型应用——转轮除湿机。

1. 固体除湿

固体除湿方法采用吸收式和吸附式两种除湿剂。

(1) 吸收式除湿剂

① 无水氯化钙:白色多孔结晶体,有苦咸味,吸湿能力较强,但吸湿后就潮解,变成氯化钙溶液。相对密度为 2.15,熔点为 782 ℃。当它吸收水分时,放出的溶解热为 680 kJ/kg。常用的工业氯化钙(纯度为 70%)的吸湿量可达自身质量的 100%。

② 五氧化二磷:又名磷酸酐,为白色软质粉末。相对密度为 2.39,升华温度为 347 ℃,它在加压下于 563 ℃熔解。

③ 氢氧化钠:又名苛性钠,为无色透明的结晶体。相对密度为 2.13,熔点为 318.4 ℃。

④ 硫酸铜:俗称蓝矾,为蓝色三斜晶系结晶体。当加热至 250 ℃时,它失去全部结晶水而成为绿白色粉末,相对密度由 2.286 升至 3.606。

(2) 吸附式除湿剂

① 硅胶:无毒、无臭、无腐蚀性的半透明结晶体,不溶于水。孔隙率多达 70% ,平均密度为 650 kg/m³。吸湿率约为 30%;吸附 1 kg 水分放出吸附热约 3 276 kJ/kg;吸湿后可经 150~180 ℃的热空气再生。还原水分需热约 13 000~17 000 kJ/kg。

② 分子筛:具有均一微孔结构,能将不同大小的分子分离的固体吸湿剂。

③ 活性炭:一种有多孔结构,对气体、蒸汽或胶态固体有较强吸附能力的炭,通常由有机物(如木材、果核等)通过专门工艺加工而成。含炭量最高达 98%,真密度为 1.9~2.1 g/cm³,表观密度为 0.08~0.45 g/cm³。

2. 转轮除湿机

转轮除湿是近十年来广泛采用的一种干式除湿方法,广泛应用于锂电、塑胶、船舶、药品、食品、污泥处理、公共建筑、通信乃至压缩空气干燥净化等众多行业或领域。

目前,国内外很多企业生产定型后的转轮除湿机。为适应不同工程对空气处理参数的特定要求,除单纯用于除湿的基本类型外,还可将它与其他空气处理设备组合使用,由此扩大其使用功能,并有大湿差型、恒温恒湿型和节能型等多种产品可供选择。

(1) 转轮除湿机的主要结构

转轮除湿机主要由转轮、传动机构(传送带或齿轮)、外壳、风机、再生用电加热器(或以蒸汽作热媒的加热器)及控制器件组成。

最初的转轮是氯化锂转轮,它由交替放置的平的或压成波纹状的玻璃纤维滤纸卷烧而成,在纸轮上形成许多蜂窝状通道,从而提供相当大的吸湿面积。将滤纸做成的纸轮浸渍到以氯化锂等吸湿剂的保护加强剂等液体配成的溶液中,在滤纸上形成氯化锂吸湿剂,待滤纸被烘干后,吸湿纸内所含的氯化锂晶体在吸收被处理空气中的水分后形成结晶水而不变成盐水溶液。当加热时,氯化锂脱附出其中的结晶水而获得再生。

氯化锂转轮能获得较低的露点,且其价格便宜。它的缺点是吸湿纸遇到液态水会遭受破坏,因此,被处理空气的相对湿度不能接近 100%。经过这些年的发展,目前,除氯化锂转轮外,硅胶转轮和分子筛转轮也得到发展,陶瓷材料也相继得到应用。

(2) 转轮除湿机的工作原理

转轮除湿机是利用固体吸湿剂做成的转轮进行旋转除湿的设备。转轮除湿原理如图 3.6 所示。转轮上布满蜂窝状的流道,当空气流过这些流道时,与流道壁进行热

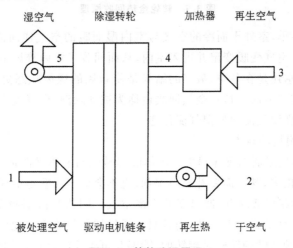

图 3.6　转轮除湿原理

湿交换。流道壁含有固体吸湿剂,当它被空气冷却时,其中的水蒸气分压力小于被处理空气中的水蒸气分压力,空气中的水蒸气就被吸附到固体吸湿剂中,与此同时,转轮本身的显热和吸附产生的吸附热使空气温度升高。

随着转轮的旋转,这部分流道的吸湿量逐渐趋于饱和。当这些吸湿后的流道旋转到再生区时,热空气流过这些蜂窝状的流道,含有固体吸湿剂的流道壁受热,其中的水蒸气分压力高于再生空气中的水蒸气分压力,从而将固体吸湿剂中的水分驱离。随着转轮的旋转和脱附的进行,蜂窝状的流道恢复了吸湿能力,又被旋转到除湿区。这样周而复始,除湿过程得以连续进行。

转轮除了用于空气除湿外,还可用于室外新风与室内排风之间的全热回收,也称焓回收。转轮全热回收原理如图 3.7 所示。在夏季,室外新风与室内排风分别流过转轮,室外热而湿的空气经过转轮后将热量和水分传给转轮,当室内排风流过转轮时,转轮将其中吸附的水分和热量传递到室内排风中去,进一步通过排风排到室外。这样新风的温度和湿度都降低,实现了新风与排风之间的全热回收。

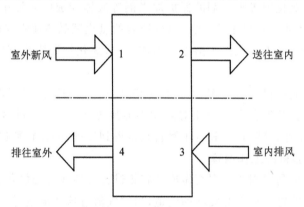

图 3.7　转轮全热回收原理

类似地,在冬季,室外干而冷的空气与室内湿而暖的空气逆向流过转轮,在进行热湿交换后,室外空气变暖变湿并进入室内,从而回收了室内排风中的显热与潜热。

不论是在夏季还是在冬季,最终的结果是使新风的送风状态更接近空调房间的环境状态,从而实现节能。这种全热回收也称为被动除湿,即气流中的水分在水蒸气分压力驱动下由高湿气流向低湿气流传递。

(3) 转轮除湿机的特点

① 没有液体吸湿剂的飞沫损失。固体除湿转轮与液体吸湿剂相比,最大的特点是没有飞沫带液损失,既不需要补充吸湿剂,也不会对金属管道造成腐蚀。

② 能连续地获得低露点、低温度的干燥空气。固体吸湿剂吸湿性很好,即使吸收了水分,其化学性能也不会变化,而且只要通过加热就能简单地放出已经吸收的水分。由于具有这种特性的转轮是旋转的,除湿和再生连续进行,因此能保持出口空气的露点稳定。

③ 构造简单。机体由低速旋转的转轮、再生加热器、除湿用送风机和再生风机组成,构造非常简单,运转和维护都很方便。

(4) 转轮除湿与压缩机除湿的比较

虽然转轮除湿和压缩机除湿都能够除湿,但两者的除湿原理是不同的。转轮除湿主要通过吸附材料对空气进行吸附除湿;压缩机除湿通过制冷让空气温度低于露点,从而进行冷凝除湿。两者的除湿效率没有太大区别,主要区别在于能耗,转轮除湿的能耗相对于压缩机除湿的能耗低很多。

3.6 空调冷热源的选择和配置

冷热源设计方案一直是需要供冷、供热的空调设计的首要难题。根据中国当前各城市供电、供热、供气的不同情况,在工业建筑中,空调冷热源及设备的选择可以有以下多种组合方案:

① 电制冷、工业余热或区域蒸汽/热水热网供热。

② 电制冷、燃煤锅炉供热。

③ 电制冷、人工煤气或天然气供热。

④ 电制冷、电热水机/炉供热。

⑤ 空气源热泵、水源热泵冷/热水机组供冷、供热。

⑥ 直燃型溴化锂吸收式冷/温水机组供冷、供热。

⑦ 蒸汽/热水溴化锂吸收式冷水机组供冷、城市小区蒸汽/热水热网供热。

⑧ 蒸汽驱动式压缩式热泵机组区域集中供冷、供热。

选定合理的冷热源组合方案,达到技术经济最优化是比较困难的。因为国内各城市的能源结构、价格均不相同,工业建筑的全生命周期和经济实力也存在较大差异,还受到环保和消防以及能源安全等多方面的制约。以上各种因素并非固定不变的,而是在不断发展和变化的。大、中型工程项目的建设周期一般为几年,在这期间也完全可能随着能源市场的变化而更改原来的冷热源方案。在初步设计时应有所考虑,以免措手不及。

空调冷热源形式应根据建筑规模、用途、冷热负荷,以及所在地区气象条件、能源结构、能源政策、能源价格、环保政策等情况,经技术经济比较论证确定,并应遵循下述原则:

① 一次热源宜采用工业余热或区域热源;当技术经济合理时,在无工业余热或区域热源的地区,可自建锅炉房供热。

当有工业余热或区域热源时,应优先采用。这是国家能源政策、节能标准一贯的指导方针。我国工矿企业余热资源潜力很大,冶金、建材、电力、化工企业等在生产过程中产生大量余热,这些余热都可能转化为供热的热源,从而减少重复建设,节约一次能源。发展城市热源是我国城市供热的基本政策,北方城市发展较快,夏热冬冷地区的部分城市已在规划中,有的城市已在逐步实施。

②当有供冷需求且技术经济上可行时,宜采用工业余热驱动吸收式冷水机组供冷;在无工业余热的地区,可采用电动压缩式冷水机组供冷。

在没有余热或区域热源的地区,经技术经济比较且当地政策条件允许,空调冷热源可采用电动压缩式冷水机组和燃煤锅炉,这在工业工程中常用。燃煤锅炉应符合国家及当地环保相关标准的规定。

③具有多种能源的地区的大型建筑,可采用复合式能源供冷、供热。

当具有电力、城市热力、天然气、城镇燃气、油等其中两种以上能源时,为提高一次能源利用率及热效率,可按冷热负荷要求采用合理搭配的几种能源作为空调冷热源,如电+气(天然气、人工煤气)、电+蒸汽、电+油等。实际上很多工程都通过技术经济比较后采用了这种复合能源方式,取得了较好的经济效益。城市的能源结构应该是电力、热力、燃气同时发展并存的,同样,空调也应适应城市的多元化能源结构,利用能源的峰谷、季节差价进行设备选型,提高能源的一次能效,使用户得到实惠。

④夏热冬冷地区、干旱缺水地区的中、小型建筑,可采用空气源热泵或土壤源热泵冷热水机组供冷、供热。

热泵技术属于国家大力提倡的节能技术之一,当有条件时应积极推广。在夏热冬冷地区,空气源热泵冷热量出力较适合该地区建筑的冷热负荷,其全年能效比较好,并且机组安装方便,不占机房面积,管理维护简单,因此,推荐在中、小型厂房及辅助建筑中使用空气源热泵。但该地区冬季相对湿度较高,应考虑夜间低温高湿造成热泵机组化霜停机的影响。在干旱缺水地区,宜采用空气源热泵或土壤源热泵。当采用土壤源热泵时,中、小型建筑空调冷热负荷的比例比较容易实现土壤全年热平衡,因此,土壤源热泵也被推荐使用,但应考虑厂区敷设地埋管对生产规模扩建的影响。

⑤当有条件时,可采用江水、湖水、地下水或室外新风作为天然冷源。

中国河流年均水温与年均空气温度的地区分布形势大体上一致。河流年均水温略高于当地年均空气温度,差值一般为1~2 ℃。但在高山冰雪融水在河流补给中占主要地位的地区则相反,年均水温低于年均空气温度1~2 ℃。中国河流水温的年内变化过程,大部分地区均为在春、夏增温阶段,水温低于当地空气温度;在秋、冬降温阶段,水温高于当地空气温度。采用蒸发冷却空气处理方式,冷却水采用直流式地表水,可降低被处理空气温度,此时地表水即为天然冷源。

一般地下水水温是当地年均空气温度。当采用地下水作天然冷源时,强调再利用是对资源的保护。地下水的回灌可以防止地面沉降,地下水全部回灌并不受污染是水资源保护必须采取的措施。为保证地下水不被污染,宜采用地下水与空气间接接触的冷却方式。

当条件具备时,室外新风可作为天然冷源:在室外空气温度适宜的条件下,室外新风可作为冷源;干空气具备吸湿降温能力(又称天然冷却能力或干空气能),可作为天然冷源。

⑥ 有天然地表水或浅层地下水等资源可供利用,且能保证地下水 100% 回灌时,可采用水源热泵冷热水机组供冷、供热。

水源热泵是一种以低位热能作能源的热泵机组,具有以下优点:可以地下水,江、河、湖水或工业余热作为热源,供空调系统用,供热运行的性能系数(COP)一般大于4,节能效果明显;与电制冷中央空调相比,投资相近;调节、运转灵活方便,便于管理和计量收费。

⑦ 有工艺冷却水可利用,且经技术经济比较合理时,可采用热泵机组进行热回收供热。

工业项目中很多设备的机械运转部分都需要循环水冷却,如大型空压机、大型氧气压缩机、大型风机、发电机等,工业炉窑中的冷却水套也需要循环水,循环水带走余热,成为一种热源。采用水源热泵机组提取其中的热量,在技术上是可行的,只要做到经济上合理即可。

吸收式热泵机组是一种机械装置,以高品位热能(蒸汽、热水、燃气)作推动力回收低品位余热,形成可被工业和民用建筑使用的热能,投入产出比一般在 1.8~2.5。吸收式热泵技术是典型的节能环保型技术。吸收式热泵机组主要用于热电、钢铁/有色金属冶炼、石油、化工、纺织等行业,利用 25~60 ℃ 的低温余热,通过少量高品位热能驱动,制取 45~90 ℃ 的中高温热水供区域集中供热,可实施规模化回收,节能效率达 45%~55%。

蒸汽驱动式压缩热泵机组是一种大型机械压缩装置,以各种蒸汽作为蒸汽机的驱动力,驱动压缩机做功实现热力循环,回收各种低品位的余热,可以用在热电厂、市政污水处理厂,以及冶金、电子、化工、制药、食品等领域。制热效率(热泵制热量和热泵能耗的比值)性能系数通常和温度压头(热泵冷凝器侧热水出水温度和热泵蒸发器侧热源水出水温度之差)相关,在 40~60 ℃ 温度压头内,其制热效率性能系数通常为4.0~6.0。蒸汽驱动式压缩热泵技术是典型的节能环保型技术。

⑧ 在燃气供应充足的地区,可采用燃气锅炉、燃气热水机供热或燃气吸收式冷/温水机组供冷、供热。

天然气燃烧转化效率高、污染少,是较好的清洁能源,而且可以通过管道长距离输送。这些优点正是发达国家迅速发展天然气产业的主要原因。燃气被用于工业建筑空调冷热源的关键在于气源成本,采用燃气型直燃机或燃气锅炉有利于环境质量的改善,解决燃气季节调峰,平衡电力负荷,提高能源利用率。

⑨ 当采用冬季热电联供、夏季冷电联供或全年冷热电三联供能取得较好的能源利用效率及经济效益时,可采用冷热电联供系统。

燃气冷热电三联供是一种能量梯级利用技术,以天然气为一次能源,产生冷热电的联产联供系统。推广热电联产、集中供热,提高热电机组的利用率,发展能量梯级利用技术——冷热电联产技术和热、电、煤气三联供技术,提高热能综合利用率符合节能要求。

在天然气充足的地区,当电力负荷、热负荷和冷负荷能较好匹配,并能充分发挥冷热电联产系统的综合能源利用效率时,可以采用分布式燃气冷热电三联供系统。利用小型燃气轮机、燃气内燃机、微燃机等设备将燃烧天然气获得的高温烟气首先用于发电,然后利用余热在冬季供暖,在夏季通过驱动吸收式制冷机供冷。这样充分利用了排气的热量,大量节省了一次能源,减少了碳排放。

需要指出的是,工业领域三联供中的供冷不单指空调供冷,供热不单指建筑供热,也同时指工艺用冷、用热。用全局的、开放的眼光审视三联供问题,有利于对三联供技术作出正确合理的判断。

⑩ 当全年进行空气调节,且各房间或区域负荷特性相差较大,需长时间向建筑同时供热和供冷时,经技术经济比较后,可采用水环热泵空调系统供冷、供热。

系统按负荷特性在各房间或区域分散布置水源热泵机组,根据房间各自的需要,控制机组制冷或制热。将房间余热传向水侧换热器(冷凝器)或从水侧吸收热量(蒸发器),以双管封闭式循环水系统将水侧换热器连接成并联环路,以辅助加热和排热设备供给系统热量、排除多余热量。

水环热泵空调系统的机组分散布置,可减少风道占据的空间,设计施工简便灵活、便于独立调节;能进行制冷工况和制热工况机组之间的热回收,节能效益明显;比空气源热泵机组效率高,受室外环境温度的影响小。因此,它适宜在全年进行空气调节且同时需要供热和供冷的厂房内使用。

水环热泵空调系统没有新风补给功能,需设单独的新风系统,且不易大量使用新风;压缩机分散布置在室内,维修、消除噪声、空气净化和加湿等也比集中式空调复杂。因此,它应经经济技术比较后采用。

水环热泵空调系统的节能潜力主要表现在冬季供热上。有研究表明,水源热泵机组的夏季制冷性能系数比集中式空调的冷水机组的低,与集中式空调相比,在我国南方地区使用水环热泵空调系统反而不节能。因此,在冬暖夏热的南方地区不宜采用水环热泵空调系统。

⑪ 在执行分时电价、峰谷电价差较大的地区,当空调系统采用低谷电价时段蓄冷(热)能明显节电及节省投资时,可采用蓄冷(热)空调系统供冷(热)。

蓄冷(热)空调系统近几年在中国发展较快,其意义在于可均衡当前的用电负荷,缩小峰谷用电差,减少电厂投资,提高发电、输配电效率和经济效益,对国家和电力部门具有重要的意义。对用户来说,有多大的实惠主要看当地供电部门给出的电价优惠政策。国内大量工程实践表明,双工况主机和蓄冷设备的质量一般都较好,设计的关键是系统设计、系统控制以及设备选型要合理。经过技术经济论证,当用户能在可以接受的年份内回收所增加的初始投资时,宜采用蓄冷(热)空调系统。

3.7　空调水系统设计

对于全年运行的空调系统,当仅要求按季节进行供冷和供热转换时,应采用两管制水系统。当厂区内一些区域需全年供冷时,可采用冷热源同时使用的分区两管制水系统。当供冷和供热工况交替频繁或同时使用时,宜采用四管制水系统。

1. 直接供冷(热)空调水系统的设计原则

① 在冷水机组允许、控制方案和运行管理可靠的前提下,冷源侧可按变流量系统设计。

② 负荷侧应按变流量系统设计。

③ 各区域水温要求一致且管路压力损失相差不大、系统设计阻力不高的中小型工程,宜采用一级泵系统。

④ 各区域水温要求一致且管路压力损失相差不大、系统设计阻力较高的大型工程,宜采用二级泵系统,二级泵不应分区域集中设置。

⑤ 各区域水温要求不一致或管路压力损失相差较大、系统设计阻力较高的大型工程,宜采用二级泵系统,二级泵应按不同的区域分别设置。

⑥ 当二级泵系统仍不满足使用要求时,可采用多级泵系统。

2. 二级泵或多级泵系统的设计原则

① 应在二级泵供回水总管之间设平衡管,平衡管管径不宜小于供回水总管管径。

② 当按区域分别设置二级泵或多级泵时,应按服务区域的平面布置、系统的压力分布等因素合理确定设备的位置。

③ 二级泵或多级泵均应采用变速泵。

3. 冷源侧定流量运行、负荷侧变流量运行时的空调水系统设计原则

① 当多台冷水机组和冷水循环泵之间通过共用集水管连接时,在每台冷水机组的进水或出水管上宜设置电动或气动两通阀,并宜与冷水机组和冷水循环泵联锁。

多台冷水机组和冷水循环泵之间宜采用一对一的管道连接方式(不包括冷源侧、负荷侧均变流量的一级泵系统)。当冷水机组与冷水循环泵之间采用一对一连接有困难时,常采用共用集水管的连接方式。当一些冷水机组和对应的冷水循环泵停机时,应自动隔断停止运行的冷水机组的冷水通路,以免流经运行的冷水机组的流量不足。对于冷源侧、负荷侧均变流量的一级泵系统,冷水机组和冷水循环泵可不一一对应,但应采用共用集水管的连接方式。冷水机组和冷水循环泵的台数变化及运行状态应根据负荷变化独立控制。

② 空调末端装置应设置温控两通阀(包括开关控制和连续调节阀门),实现系统

流量按需求实时改变。

③ 在供回水总管之间应设置旁通管及旁通阀或平衡管,旁通阀的设计流量宜取容量最大的单台冷水机组的额定流量。

旁通阀的口径应按规范规定通过计算阀门流通能力(即流量系数)来确定,防止阀门选择过大。对于设置多台相同容量冷水机组的系统,该设计流量就是一台冷水机组的流量。对于冷水机组大小搭配设置的系统,通常情况是多台大机组联合运行、小机组停运,但也可能有其他的大小搭配运行模式,从冷水机组定流量运行的安全原则考虑,旁通阀设计流量选取容量最大的单台冷水机组的额定流量。

4. 冷源侧、负荷侧均变流量运行时的空调水系统设计原则

① 应选择允许水流量变化范围大、适应冷水流量快速变化,且具有出水温度精确控制功能的冷水机组。

② 冷源侧循环泵应采用变速泵。

③ 在供回水总管之间应设置旁通管及旁通阀,旁通阀的设计流量应取各台冷水机组允许最小流量中的最大值。

④ 当采用多台冷水机组时,应选择在设计流量下蒸发器水压降相同或接近的冷水机组。

5. 冷热水循环泵的选用原则

① 除冷水循环泵的流量及扬程、台数、允许使用温度满足冬季设计工况及部分负荷工况的使用要求外,两管制空调水系统应分别设置冷水和热水循环泵。

② 冷源侧冷水循环泵的台数、流量宜与冷水机组的台数、流量相对应。

③ 冷热水循环泵的台数应按系统设计流量和调节方式确定,每个分区不宜少于2台。

④ 在严寒及寒冷地区,当每个分区运行的热水循环泵少于3台时,应设1台备用泵。

6. 空调补水泵的选择和设定原则

① 空调水系统的设计补水量(小时流量)可按系统水容量的1%计算。空调水系统的补水点宜设置在循环泵的吸入口处。当补水压力低于补水点压力时,应设置补水泵。

② 补水泵的扬程应保证补水压力比系统静止时补水点的压力高30～50 kPa;小时流量宜为补水量的5～10倍;补水泵不宜少于2台。

② 当设置补水泵时,空调水系统应设补水调节水箱。水箱的调节容积应按水源的供水能力、水处理设备的间断运行时间及补水泵运行情况等因素确定。

7. 空调水管道设计应遵循下述原则

① 当空调热水管道利用自然补偿不能满足要求时,应设置补偿器。

② 坡度应符合规范对热水供暖管道的规定。

8. 空气处理设备冷凝水管道设置原则

① 当空调设备的冷凝水盘位于机组的正压段时,冷凝水盘的出水口宜设置水封;当空调设备的冷凝水盘位于机组的负压段时,冷凝水盘的出水口应设置水封。水封高度应大于冷凝水盘处正压或负压值。

② 冷凝水盘的泄水支管沿水流方向的坡度不宜小于 0.01,冷凝水水平干管不宜过长,其坡度不应小于 0.003,且不应有积水部位。

③ 冷凝水水平干管始端应设置扫除口。

④ 冷凝水管宜采用排水塑料管或热镀锌钢管。当冷凝水管表面可能产生二次冷凝水且对使用房间可能造成影响时,管道应采取防凝露措施。

⑤ 当冷凝水排入污水系统时,应采取空气隔断措施。冷凝水管不得与室内密闭雨水系统直接连接。

⑥ 冷凝水管管径应按冷凝水的流量和管道坡度确定。

⑦ 当布置空调水系统和选择管径时,应减少并联环路之间的压力损失的相对差额。当它超过 15% 时,应设置调节装置。

9. 闭式空调水系统的定压和膨胀设计原则

① 定压点宜设在循环水泵的吸入口处,定压点最低压力应使系统最高点压力高于大气压力 5 kPa 以上。

② 宜采用高位膨胀水箱定压。

③ 在膨胀管上不宜设置阀门。当设置阀门时,应采用有明显开关标志的阀门。

④ 系统的膨胀水量应能够回收。

⑤ 当给水硬度不符合相应标准时,空调热水系统的补水宜进行水处理,并应符合设备对水质的要求。

⑥ 空调水系统应设置排气和泄水装置。

⑦ 在冷水机组或换热器、循环水泵、补水泵等设备的入口管道上,应根据需要设置过滤器或除污器。

3.8 空调冷却水系统设计

为符合节水的要求,除使用地表水外,冷却水应循环使用。当在冬季或过渡季有供冷需求时,宜将冷却塔作为空调系统的冷源设备使用。有供热需求且技术经济比较合理时,冷凝热应回收利用。例如,在夏季冷水机组的冷凝废热可作为生活热水的预热热源,在冷季宜充分利用冷却塔的冷却功能进行制冷等。

1. 冷水机组和水冷单元式空调机的冷却水一般设计原则

① 冷水机组的冷却水进口的水温不宜高于 33 ℃。冷却水最高温度限制应根据

压缩式冷水机组冷凝器的允许工作压力和溴化锂吸收式冷(温)水机组的运行效率等因素,并考虑湿球温度较高的炎热地区冷却塔的处理能力,经技术经济比较后确定。

② 冷却水系统宜对冷却水的供水温度采取调节措施。冷却水进口的最低水温应按冷水机组的要求确定,电动压缩式冷水机组冷却水进口的水温不宜低于 15.5 ℃,溴化锂吸收式冷水机组冷却水进口的水温不宜低于 24 ℃。

③ 冷却水进出口的水温差应按冷水机组的要求确定,电动压缩式冷水机组冷却水进出口的水温差宜取 5 ℃,溴化锂吸收式冷水机组冷却水进出口的水温差宜为5~7 ℃。

2. 冷却水泵的选择原则

① 冷却水泵的台数和流量应与集中设置的冷水机组相对应。

② 分散设置的水冷单元式空调机或小型户式冷水机组等可合用冷却水泵。

③ 冷却水泵的扬程应包括冷却水系统阻力、布水点至冷却塔集水盘或中间水箱最低水位处的高差、冷却塔进水口要求的压力。

3. 冷却塔的选用和设置原则

① 在夏季空调室外计算湿球温度条件下,冷却塔的出口水温、进出口水温差和循环水量应满足冷水机组的要求。

同一型号的冷却塔在不同的室外湿球温度条件和冷水机组进出口水温差要求的情况下,散热量和冷却水量不同,因此选用时需按照工程实际,对冷却塔的名义工况下的设备性能参数进行修正,得到设计工况下的冷却塔性能参数,该参数应满足冷水机组的要求。

② 对进口水压有要求的冷却塔的台数,应与冷却水泵的台数相对应。

③ 在供暖室外计算温度为 0 ℃ 以下的地区,冬季运行的冷却塔应采取防冻措施,冬季不运行的冷却塔及其室外管道应能泄空。

为防止冷却塔在 0 ℃ 以下,尤其是间断运行时结冰,应采取防冻措施,包括在冷却塔底盘和室外管道设电加热设施,以及在合适的高度设泄空阀等。

④ 冷却塔设置位置应通风良好、远离高温或有害气体,并应避免飘水对周围环境造成影响。

⑤ 冷却塔的噪声标准和噪声控制应符合相关要求。

⑥ 冷却塔材质应符合防火要求。

⑦ 对于双工况制冷机组,应分别复核两种工况下的冷却塔热工性能。

⑧ 冷却塔宜选用风量可调型。

当多台冷水机组和冷却水泵之间通过共用集水管连接时,在每台冷水机组入水管或出水管上宜设电动或气动阀,并宜与对应运行的冷水机组和冷却水泵联锁。

当多台冷却水泵和冷却塔之间通过共用集水管连接时,应使各台冷却塔并联环路的压力损失大致相同,宜在冷却塔之间设平衡管或在各台冷却塔底部设置公用连通水槽。

当多台冷却水泵和冷却塔之间通过共用集水管连接时,对于进水口有水压要求的冷却塔,应在每台冷却塔进水管上设置电动阀,并应与对应的冷却水泵联锁。

开式系统冷却水补水量应按系统的蒸发损失、飘逸损失、排污泄漏损失之和计算。对于不设置集水箱的系统,应在冷却塔底盘处补水;对于设置集水箱的系统,应在集水箱处补水。

间歇运行的开式冷却水系统的冷却塔底盘或集水箱的有效存水容积应大于湿润冷却塔填料等部件所需水容量,以及当停泵时靠重力流入的管道等的水容量。

当设置冷却水集水箱且确需设置在室内时,集水箱宜设置在冷却塔的下一层,且冷却塔布水器与集水箱设计水位之间的高差不应超过 8 m。

3.9　空调风机的选择

1. 风机的原理

简单而言,风机就是一个通过电力或机械能驱动,可以产生气流,并将气流输送到指定位置的装置。风机既可以用于送风也可以用于排风。

风机的原理是利用脉动流产生气流,实现气体输送的目的。风机的主要工作部件是转子,转子可以通过电机或其他驱动方式来驱动,产生气流并输送气体。风机通常被分为离心式和轴流式两类。离心式风机通过离心力将气体拉离中心,轴流式风机通过旋转动能将气体推到风机轴线的方向。

(1) 离心式风机

离心式风机主要由进气口、转子、出风口和外壳组成,结构比较简单。当电机启动时,转子开始快速旋转,同时空气通过进气口进入风机,被转子旋转的叶片打散并分出辐射状的气流。其中一部分气流通过出风口排出风机,而另一部分气流则通过外壳上的管道被输送到需要的地方。因此,离心式风机可以很好地实现高压力输送,适用于一些需要强力气流的场合。

离心式风机实际上是一种变风量恒压装置。当转速一定时,离心式风机的风压-风量理论曲线是一条直线。由于内部损失,因此实际的特性曲线是弯曲的。离心式风机中所产生的风压受进气温度或密度变化的影响较大。对于给定的进气量,当进气温度最高(空气密度最低)时产生的风压最低。对于一条给定的风压-风量特性曲线对应一条功率-风量特性曲线。

(2) 轴流式风机

轴流式风机主要由进气口、马达和螺旋叶片组成,结构较为简单。螺旋叶片被固定在轴上,气流沿着轴线方向流动,其倾斜角度可以影响气流的速度和流向。当轴流式风机开始工作时,电动机会驱动轴转动,螺旋叶片开始旋转,将空气向机体外推送。轴流式风机通常用于排气和通风,能够在较小的空间内实现较高的风速,适用于通风换气或空调系统。

2. 风机的串联、并联

当采用定转速风机时,电机轴功率应按工况参数计算确定;当采用变频风机时,电机轴功率应按工况参数计算确定,且应在100%转速计算值上再附加15%～20%;当风机输送介质温度较高时,电机轴功率应按冷态运行进行附加。

风机并联或串联安装,其联合工况下的风量、风压应按风机和管道的特性曲线确定,并应遵循以下原则:

① 不同型号、不同性能的风机不宜并联安装。

② 串联安装的风机设计风量应相同。

③ 变速风机并联或串联安装时应同步调速。

风机的并联与串联安装均属于风机联合工作。采用风机联合工作的场合主要有两种:一是系统的风量或阻力过大,无法选到合适的单台风机;二是系统的风量或阻力变化较大,选用单台风机无法适应系统工况的变化或运行不经济。并联工作的目的是在同一风压下获得较大的风量,串联工作的目的是在同一风量下获得较大的风压。在系统阻力(即通风机风压)一定的情况下,风机并联后的风量等于各台并联风机的风量之和。当并联的风机不同时运行时,系统阻力变小,每台运行的风机的风量比风机同时工作时的相应风量大;每台运行的风机的风压则比风机同时运行时的相应风压小。当风机并联或串联工作时,其布置是否得当是至关重要的。有时由于布置和使用不当,风机并联工作不但不能增加风量,而且适得其反,会比一台风机工作时的风量还小;风机串联工作也会出现类似的情况,不但不能增加风压,而且会比单台风机工作时的风压小。这是必须避免的。

由于风机并联或串联工作比较复杂,尤其是对于具有峰值特性的不稳定区,当多台风机并联工作时易受到扰动而恶化其工作性能,因此设计时必须慎重对待,否则不但达不到预期目的,还会无谓地增加能量消耗。为简化设计和便于运行管理,在风机联合工作的情况下,应尽量选用相同型号、相同性能的风机并联,风量相同的风机串联。

随着工艺需求和气候等因素的变化,建筑对风量的要求也随之改变。系统风量的变化会引起系统阻力更大的变化。对于运行时间较长且运行工况(风量、风压)有较大变化的系统,为节省系统运行费用,宜采用双速或变频调速风机。通常对于要求不高的系统,为节省投资,可采用双速风机,但要对双速风机的工况与系统的工况变化进行校核。对于要求较高的系统,宜采用变频调速风机。采用变频调速风机的系统节能性更加显著,该系统应配备合理的控制系统。

3．大型离心式风机

高压供电可以减少电能输配损失，电机轴功率大于 300 kW 的大型离心式通风机宜采用高压供电方式。离心式风机宜设置风机入口阀。当需要通过关阀降低风机启动电流时，应设置风机启动用的阀门，且应遵循以下原则：

① 当中低压供电、供电条件允许且电机轴功率小于或等于 75 kW 时，可不装设仅为启动用的阀门。

② 当中低压供电、电机轴功率大于 75 kW 时，宜设置启动用风机入口阀。

③ 当风机启动用阀门宜为电动时，应与风机电机联锁。

当大型离心式通风机轴承箱和电机采用水冷却方式时，应采用循环水冷却方式。对于排除含有蒸汽的空气通风系统，其通风设备应在易积液部位设置水封排液口。

3.10　空调风压的设计

空调区域内的空气压力不仅影响空气的流动，而且还影响空调区的环境参数控制和新风比及能耗，因此，在设计上需要重视。如果空调区的空气压力为负压，则区外空气就会流入，从而影响空调区的环境参数；如果空调区的空气压力保持为正压，则能防止区外空气渗入，有利于保证空调区的环境参数少受外界干扰。对于工业建筑的工艺空调，不同的生产工艺有不同的要求，因此，空调区的空气压力应按工艺要求确定。通常，当环境参数不同的空调区相邻时，原则上空气压差的方向是：洁净度等级较高的空调区的空气压力大于洁净度等级较低的空调区的空气压力，温湿度波动范围较小的空调区的空气压力大于温湿度波动范围较大的空调区的空气压力，无污染源的空调区的空气压力大于有污染源的空调区的空气压力。

空调系统室内正压值不宜过小，也不宜过大。大量研究及工程实践证明，室内正压值一般宜为 5～10 Pa。

3.11　空调传感器、执行器的设置

工业建筑中传感器、执行器的使用环境复杂多样，传感器、执行器的设计选型需要根据使用环境的情况选择合适的类型，如防尘型、防潮型、耐腐蚀型和防爆型等。传感器、执行器应进行定期的维护检查与校正，否则无法保证控制效果，设计时需要根据使用环境的情况和所选产品的特性，规定维护检测周期。

3.11.1　传感器的设置

传感器敏感元件的测量精度与二次仪表的转换精度应相互匹配，经过传感、转换

61

和传输过程后的测量精度与测量范围应满足工艺要求的控制和测量精度；传感器的安装位置应能反映被测参数的整体情况，不能处于对其产生干扰的位置，如涡流区或者有局部热源、湿源、热桥的区域，在这些区域测得的参数值不能代表被测参数的整体情况。

1. 温度传感器的设置

① 温度传感器的测量范围应为测点温度范围的 1.2～1.5 倍。

② 壁挂式空气温度传感器应安装在空气流通，且能反映被测房间空气状态的位置；风道内温度传感器的安装应保证插入深度，不得在探测头与风道外侧形成热桥；插入式水管温度传感器的安装应保证测头插入深度在水流的主流区范围内。

③ 机器露点温度传感器应安装在挡水板后有代表性的位置，应避免辐射热、振动、水滴及二次回风的影响。

2. 湿度传感器的设置

湿度传感器应安装在空气流通，且能反映被测房间或风管内空气状态的位置，安装位置附近不应有热源及湿源。

3. 压力/压差传感器的设置

① 压力/压差传感器的工作压强/压差应大于该点可能出现的最大压强/压差的 1.5 倍，量程应为该点压强/压差正常变化范围的 1.2～1.3 倍。

② 同一对压力/压差传感器宜处于同一标高。

4. 流量传感器的设置

① 流量传感器的量程应为系统最大工作流量的 1.2～1.3 倍。

② 流量传感器安装位置前后应有合理的直管段长度。

③ 应选用具有瞬态值输出的流量传感器。

④ 宜选用水流阻力低的产品。

当仅用于控制开关操作时，宜选择温度开关、压力开关、风流开关、水流开关、压差开关、水位开关等以开关量形式输出的传感器，不宜使用连续量输出传感器。开关量输出传感器比连续量输出传感器的结构简单、工作可靠、成本低。因此，当以安全保护和设备状态监视为目的仅需要开关操作时，应尽量选用开关量输出传感器。

3.11.2 执行器的设置

1. 调节阀、通断阀的设置

调节阀的设置应与被控对象的特性相适合，应使系统具有好的控制性能，并应符合下列规定：

① 水两通阀：宜采用等百分比特性。

② 水三通阀：宜采用抛物线特性或线性特性。

③ 蒸汽两通阀:当压力损失比大于或等于 0.6 时,宜采用线性特性;当压力损失比小于 0.6 时,宜采用等百分比特性。

为了调节系统正常工作,保证在负荷全部变化范围内的调节质量和稳定性,提高设备的利用率和经济性,应正确选择调节阀的特性。

调节阀的选择原则是应以调节阀的工作流量特性(即调节阀的放大系数)来补偿对象放大系统的变化,以保证系统总开环放大系统不变,进而使系统达到较好的控制效果。但是实际上由于影响对象特性的因素很多,用分析法难以求解,因此多数是通过经验法粗定,并以此来选用不同特性的调节阀。

此外,由于系统中存在配管阻力,因此压力损失比不同,调节阀的工作流量特性并不同于理想的流量特性。当压力损失比小于 0.3 时,工作流量特性近似为快开特性,等百分比特性也畸变为接近线性特性,可调比显著减小,因此,通常是不希望压力损失比小于 0.3 的。

对于水两通阀的设置,由试验可知,空气加热器和空气冷却器的换热量的增加量随流量的增大而变小,而等百分比特性阀门的流量增加量随开度的加大而增大。同时,由于水系统管道压力损失往往较大,压力损失比大于 0.6 的情况居多,因此选用等百分比特性阀门具有较好的适应性。

对于水三通阀的设置,总原则是要求通过水三通阀的总流量保持不变。当压力损失比为 0.3~0.5 时,总流量变化较小,在设计上一般使水三通阀的压力损失与热交换器和管道的总压力损失相同,即压力损失比为 0.5。此时,无论是从总流量变化角度还是从水三通阀的工作流量特性补偿热交换器的静态特性考虑,均以采用抛物线特性的水三通阀为宜。当系统压力损失较小、通过水三通阀的压力损失较大时,亦选用线性特性的水三通阀。

对于蒸汽两通阀的设置,如果蒸汽加热中的蒸汽自由冷凝,那么加热器每小时所放出的热量等于蒸汽冷凝器潜热和进入加热器的蒸汽量的乘积。当通过加热器的空气量一定时,经推导可以证明,蒸汽加热器的静态特性曲线是一条直线,但实际上蒸汽在加热器中不能实现自由冷凝,有一部分蒸汽冷凝后再冷却使加热器的实际特性曲线有微量的弯曲,但这种弯曲可以忽略不计。从对象特性考虑,可以选用线性特性蒸汽两通阀。但根据配管状态,当压力损失比小于 0.6 时,工作流量特性发生畸变,此时宜选用等百分比特性的蒸汽两通阀。

蒸汽两通阀应采用单座阀,三通分流阀不应用作三通混合阀,三通混合阀不宜用作三通分流阀。受阀门结构的限制,三通混合阀和三通分流阀一般都要求流体单向流动,因此两者不能互为代用。但是对于公称直径小于 80 mm 的阀门,由于存在不平衡力,因此三通混合阀亦可用作三通分流阀。双座阀不易保证上、下两阀芯同时关闭,因而泄漏量大,尤其是当用在高温场合时,阀芯和阀座两种材料的膨胀系数不同,泄漏量会更大。因此规定蒸汽的流量控制用单座阀。

通断阀一般具有较快的开关速度和较少的泄漏量,当仅需要以开关形式进行设备或系统水路的切换时,应采用通断阀,不应采用调节阀。当使用通断阀达不到温度或湿度调节要求时,应采用调节阀,调节阀的特性应符合要求。

2. 调节阀的压降估算

调节阀的口径应根据使用对象要求的流通能力通过计算选择确定。口径选用过大或过小都满足不了调节质量或不经济。

当进行工程设计时,仪表工程师所得到的调节阀的设计数据来自工艺工程师,如果数据(特别是调节阀压降 Δp 的数据)不准确,则会给调节阀口径计算带来很多麻烦。但是设备(包括仪表、调节阀)的采购数据常常要超前提出,这在基础设计阶段使得工艺工程师只能凭经验或取随意值提供给仪表工程师。这样做往往会导致选用的泵功率过大、调节阀尺寸不当等后果。

在基础设计阶段可以采用简便易行的相对阀门容量法来估算调节阀的压降。

一般调节阀的压降有两个决定因素:

① 最大设计流量时管内液体的流速。

② 最大系统阻力损失。

3. 阀门与执行器的配合选型

在工程实践中阀门与执行器的配合选型遵循一定的规律,下面以西门子(Siemens)阀门、执行器为例进行介绍。

(1) 西门子执行器关断力

1) 电动执行器

① SQX 系列:700 N。

② SQS81 系列:300 N。

③ SQS35、SQS65 系列:400 N。

2) 液压执行器

① SKD 系列:1 000 N。

② SKB 系列:2 800 N。

③ SKC 系列:2 800 N。

(2) 西门子阀门与执行器配合选型

① VVG41&VXG41 系列阀门:当公称直径等于或小于 50 mm(DN15—DN50)时,可选用 SQX 系列执行器。

② VVG44&VXG44 系列阀门:当公称直径等于或小于 50 mm(DN15—DN40)时,可选用 SQS 系列执行器。

③ VVF31&VXF31 系列阀门:当公称直径等于或小于 80 mm 时,可选用 SQX 系列、SKD 系列、SKB 系列执行器;当公称直径大于 80 mm(DN100—DN150)时,可选用 SKC 系列执行器。

④ VVF41&VXF41 系列阀门:当公称直径等于或小于 50 mm 时,可选用 SQX

系列、SKD 系列、SKB 系列执行器;当公称直径大于 50 mm(DN65—DN150)时,可选用 SKC 系列执行器。

⑤ VVF45.50 系列阀门:选用 SKB 系列执行器;当公称直径大于 50 mm(DN65—DN150)时,可选用 SKC 系列执行器。

⑥ VVF52 系列阀门(DN15—DN40):可选用 SQX 系列、SKD 系列、SKB 系列执行器。

⑦ VVF61&VXF61 系列阀门:当公称直径等于或小于 25 mm 时,可选用 SKD 系列执行器;当公称直径为 40 mm 和 50 mm(DN40 和 DN50)时,选用 SKB 系列执行器;当公称直径等于或大于 50 mm(DN65—DN150)时,可选用 SKC 系列执行器。

执行器关断力由弱到强的排序是 SQS 系列、SQX 系列、SKD 系列、SKB 系列、SKC 系列。当可以选用多种型号的执行器时,应选关断力高的,临界阀门口径的选择尤其如此。并且随着管道压力增高,蒸汽压力增高,蒸汽温度升高,因此,要选关断力高的执行器。

3.12 空调负荷计算

本节以夏季工况为例进行空调负荷计算的分析。

1. 散热量计算

空调区域的夏季散热量计算应包括下列内容:
① 通过围护结构传入的热量。
② 通过围护结构透明部分进入的太阳辐射热量。
③ 人体散热量。
④ 照明灯具散热量。
⑤ 设备、器具、管道及其他内部热源的散热量。
⑥ 食品或物料的散热量。
⑦ 室外渗透空气带入的热量。
⑧ 伴随各种散湿过程产生的潜热量。
⑨ 非空调区或其他空调区转移来的热量。

工业建筑空调区域的夏季冷负荷应根据各项热量的种类、性质以及空调区域的蓄热特性经计算确定,并应遵循下述原则:

① 当 24 h 连续生产时,生产工艺设备散热量、人体散热量、照明灯具散热量可按稳态传热方法计算。

② 当非连续生产时,生产工艺设备散热量、人体散热量、照明灯具散热量,以及通过围护结构进入的非稳态传热量、通过围护结构透明部分进入的太阳辐射热量等形成的冷负荷应按非稳态传热方法计算确定,不应将得热量的逐时值直接作为各相

应时刻冷负荷的即时值。

当计算设备、人体、照明灯具等散热形成的冷负荷时,应根据空调区蓄热特性、不同使用功能和设备开启时间,分别选用适宜的设备功率系数、设备同时使用系数、设备通风保温系数、人员群集系数。当有条件时宜采用实测数值。当设备、人体、照明灯具等散热形成的冷负荷占空调区冷负荷的比率较小时,可不计及空调区蓄热特性的影响。

非全天工作的照明灯具、设备、器具以及人员等室内热源的散热量,因具有时变性质,且包含辐射成分,所以这些散热曲线与它们所形成的负荷曲线是不一致的。根据散热的特点和空调区的热工状况,按照负荷计算理论,依据给出的散热曲线可计算出相应的负荷曲线。当进行具体的工程计算时,可直接查计算表或使用计算机程序求解。

人员群集系数是指针对人员的年龄构成、性别构成以及密集程度等情况的不同而考虑的折减系数。年龄和性别不同,人员的小时散热量就不同。如成年女子散热量约为成年男子散热量的 85%,儿童散热量相当于成年男子散热量的 75%。

设备功率系数是指设备小时平均实耗功率与其安装功率之比。

设备通风保温系数是指针对设备有无局部排风设施以及设备热表面是否保温而采取的散热量折减系数。

2. 散湿量计算

空调区域的夏季散湿量计算应包括下列内容:

① 人体散湿量。

② 工艺过程的散湿量。

③ 各种潮湿表面、液面或液流的散湿量。

④ 设备散湿量。

⑤ 食品或其他物料的散湿量。

⑥ 渗透空气带入的湿量。

当确定散湿量时,应根据散湿源的种类,分别选用适宜的人员群集系数、设备同时使用系数以及通风系数。当有条件时,应采用实测数值。

3. 冷负荷计算

空调区域的夏季冷负荷计算应按照各项逐时冷负荷的综合最大值确定,并应遵循下述原则:

① 当各空调区设有室温自动控制装置时,宜按各空调区逐时冷负荷的综合最大值确定;当各空调区无室温自动控制装置时,可按各空调区冷负荷的累加值确定。

② 当计算新风冷负荷时,新风计算参数宜采用夏季空调室外计算干球温度和夏季空调室外计算湿球温度。

③ 应计入风机温升、风管温升、再热量等附加冷负荷。

空调冷源冷负荷计算应遵循下述原则：

① 宜按各空调系统冷负荷的综合最大值确定，并宜计入同时使用系数。

② 宜采用夏季新风逐时焓值计算新风冷负荷，当与空调系统总冷负荷叠加时应采用综合最大值。

③ 应计入供冷系统输送冷损失。

3.13 空调防爆处理

1. 排风处理

对于厂房或仓库空气中含有易燃易爆物质的场所，应根据工艺要求采取通风措施。不得采用循环空气的场所包括：甲、乙类厂房或仓库；空气中含有爆炸危险粉尘、纤维，且粉尘浓度大于或等于其爆炸下限值 25% 的丙类厂房或仓库；空气中含有易燃易爆气体，且气体质量浓度大于或等于其爆炸下限值 10% 的其他厂房或仓库；建筑内的甲、乙类火灾危险性的房间。

应单独设置通风系统的场所包括：甲、乙类厂房、仓库中不同的防火分区；当不同的有害物质在混合后能引起燃烧或爆炸时；建筑内的甲、乙类火灾危险性的单独房间或其他有防火防爆要求的单独房间。对于生产、试验中散发容易起火或爆炸危险性物质的厂房或局部房间，其机械通风系统宜采用局部通风方式。

排除有爆炸危险的气体、蒸汽或粉尘的局部排风系统，其风量应按在正常运行情况下，风管内有爆炸危险的气体、蒸汽或粉尘的质量浓度不大于爆炸下限值的 50% 计算。

放置有爆炸危险性物质的房间应保持负压。

根据工艺要求在爆炸危险区域内为非防爆设备的封闭空间设置的正压送风系统，其送风口应设置在清洁区，正压值应根据工艺要求确定。

甲、乙类厂房、仓库及其他有燃烧或爆炸危险的单独房间或区域，其送风系统的送风口应与其他房间或区域的送风口分设，其送风口和排风口均应设置在室外无火花溅落的安全处。

含有燃烧或爆炸危险粉尘的空气，在进入排风机前应采用不产生火花的除尘器进行处理。净化有爆炸危险粉尘的除尘器、排风机，应与其他普通型的排风机、除尘器分开设置。

净化有爆炸危险粉尘的干式除尘器，宜布置在厂房外的独立建筑中，该建筑与所属厂房的防火间距不应小于 10.0 m。

当设有可燃气体探测报警装置时，防爆通风设备应与可燃气体探测报警装置联锁。

2. 本安、隔爆设备配置

在易燃易爆环境中使用的传感器及执行器，应采用本质安全型。本质安全（简称本安)型设备是按国家标准 GB 3836.4—2000《爆炸性气体环境用电气设备 第 4 部分:本质安全型"i"》生产、专供易燃易爆场合使用的防爆电气设备,其全部电路均为本质安全电路,即在正常工作或规定的故障状态下产生的电火花和热效应均不能点燃规定的爆炸性混合物的电路。也就是说,该类电气设备不是靠外壳防爆和充填物防爆的。

由于爆炸性危险气体爆炸的主要引爆源是电火花和热效应,因此本质安全防爆技术通过限制电火花和热效应这两个可能的引爆源来防止爆炸的发生。在正常工作和故障状态下,当仪表产生的电火花或热效应的能量小于一定程度时,低度表不可能点燃爆炸性危险气体而发生爆炸。本质安全防爆技术本质上是一种低功率设计技术,其原理是从限制能量入手,将电路中的电压和电流限制在一个允许的可靠范围内,本安型仪表在正常工作或短路、元器件损坏等故障情况下产生的电火花和热效应不致于引起其周围可能存在的危险气体的爆炸。

本安型仪表按安全程度和使用场所的不同可分为 Exia 和 Exib,而 Exia 的防爆级别要高于 Exib。Exia 级本质安全型仪表在正常工作状态下以及当电路中存在两起故障时,电路元件不会发生燃爆。在 ia 型电路中,工作电流被限制在 100 mA 以下,适用于 0 区、1 区和 2 区;Exib 级本质安全型仪表在正常工作状态下以及当电路中存在一起故障时,电路元件不会发生燃爆。在 ib 型电路中,工作电流被限制在 150 mA 以下,适用于 1 区和 2 区。

隔爆型是指把设备内部有可能被点燃的爆炸性气体等混合物全部封闭在一个外壳内,且其外壳不受任何接合面或结构间隙的影响。可燃性混合物会在外壳内部爆炸,期间外壳不会被破坏,并且不会引起外部由一种、多种气体或蒸汽形成的爆炸性环境的点燃(可参见国家标准 GB3836.2—2000)。隔爆型"d"按允许使用爆炸性气体环境的种类分为Ⅰ类和ⅡA、ⅡB、ⅡC类。其他防爆型式还有增安型"e"、充油型"o"、充砂型"q"、浇封型"m"以及复合型。涉及爆炸环境的测控仪表和设备应根据具体的使用环境进行选配。

3.14　空调节能设计

空调系统的节能设计是非常重要的,节能目标的实现涉及工艺设备选型、系统配置比较、控制策略权衡等。

3.14.1　制冷空调的节能设计

制冷对电能的消耗是非常巨大的,而怎样节能是人们共同面对的问题。针对我国人均占有能源比例较少的情况,在制冷过程中应减少对能源的浪费。为了降低制冷过程中的功耗,必须研究制冷循环中的能量转换过程,提高能量转换效率。制冷技

术的发展给人们的生活带来很大的改变,人们对制冷的认识已经从思想上发生了根本性的变化。这从以下两方面可以体现出来:

① 对生存环境的保护。臭氧消耗和温室效应带来严重的危害,制冷行业需要开发新的、可替代的制冷剂。

② 对制冷系统的关注。制冷系统的工作方式是系统机器、设备的总体集成方式,集成的好坏将直接影响系统效率的高低。因此,人们不再只是关注制冷产品,而是在制冷产品的基础上更加关注系统的高效;在系统运行的过程中不但关注系统满负荷运行的效率,而且关注系统部分负荷运行的效率。制冷控制系统的能量调节随系统的负荷变化而变化。

能源对我国现代化建设起到非常关键的作用,而现在普遍使用的压缩式制冷机消耗的电能非常大。据新闻消息报导,在夏季,北京、深圳等城市的空调用电量已分别达到全市总用电量的三成左右。因此,制冷空调的节能越来越重要。目前,"能量效率(energy efficiency)"正在代替人们熟知的"节能(energy saving)"。名称的不同反映了人们对节能的认识的改变,人们已经不单单靠需求的抑制、能量消耗的减少节能,而是会用同样的耗能量或增加少许耗能量来达到所需,以此提高工作效率和生活质量。

制冷空调的节能应该从提高能量利用效率入手,并以有限的资源和最少的能源消耗取得最大的经济、社会效益。节能并不代表对发展的限制,也不代表降低生活水平。由于新工艺、新技术、新材料的研究与应用,高效、节能、环保的制冷空调不断出现。新技术、新设备都为制冷空调的节能提供了技术保障。

实际上,制冷空调的节能就是寻求能效的最优化。它包括从每一个部件开始到整个空调系统的优化、操作方面的优化、管理维护的优化。空调的复杂系统是由单个设备集成所组成的,确保组成空调系统的每一个环节达到最优化,整个空调系统的运行效率也将达到最大化。

总之,制冷空调的应用越来越广泛,技术上的创新将会使它走向新的领域。

3.14.2 节能控制方法

1. 空调风系统节能控制方法

目前,我国空调风系统的主要形式有定风量全空气系统、风机盘管加新风系统和变风量全空气系统。从参数调节的角度讲,现有空调风系统节能控制方法主要有变风量控制、变送风温湿度控制和变新风比控制。

(1) 空调系统变风量节能控制方法

变风量是风系统各节能控制方法中首要的调节方法,其中,以送风静压为控制参考量的变风量控制方法是主要的控制调节方法。以末端变风量箱风阀阀位为参考量的送风静压设定值再设置方法在 20 世纪 90 年代已被用于实际系统。该方法的核心思想是以变风量箱风阀阀位为控制参考量,通过变频调节送风机转速来维持所要求送风静压再设定值,以至少保证一个末端变风量箱风阀为全开状态。该方法在实际应用中取得了较好的节能效果,但存在的最大问题是阀杆与阀位传感器之间的松动问题。现有执行器缺乏自诊断环节,反馈的阀位信息不能反映阀门的真实开度,由此带来误控的问题。

(2) 空调系统变送风温湿度节能控制方法

在变风量控制的基础上,优化设置送风温湿度并实现对表面式空气冷却器、加热器和加湿器的优化控制,是进一步降低空调系统能耗的重要方法。变送风温湿度也是定风量空调系统常用的重要节能调节方法。变送风温湿度控制的核心思想是调节空调机组换热器冷冻水或热水阀门开度,维持送风温度设定值;调节空调机组加湿器的加湿量,维持送风湿度设定值。如何设置送风温湿度的设定值是变送风温湿度控制的关键。

(3) 空调系统变新风比节能控制方法

新风比的控制,即空调机组经济器(由新风阀、回风阀、排风阀构成)的调节控制,当室外热值低于室内热值时,可通过调节新风比、利用新风冷量来降低人工制冷的能耗。此外,新风比的调节还要满足室内二氧化碳质量浓度的控制要求。

上述变风量、变送风温湿度、变新风比的节能控制方法不仅全部体现在变风量全空气空调系统上,而且几乎涵盖了所有空调系统形式的单一控制环路的调节方法。因此,研究上述单一控制环节的控制参考模型优化选择及其自适应优化设置方法,对解决空调风系统共性控制调节问题具有重要的学术意义和推广应用价值。

但是,对于任一具体的空调风系统而言,变风量、变送风温湿度、变新风比之间又存在较强的耦合关系,空调风系统各控制环路间解耦控制和协调控制是实现风系统节能控制的又一关键问题。

2. 合理选择空调方式

在满足生产工艺要求的条件下,宜减少空调区的面积和散热、散湿设备的数量。当采用局部空调或局部区域空调能满足要求时,不应采用全室性空调。

对于工业建筑的高大空间,当仅要求下部生产区域保持一定的温湿度时,宜采用分层式空调方式。当大面积厂房不同区域有不同温湿度要求时,宜采用分区空调方式。

3. 变设定值控制

变设定值控制既可手动调节,也可自动调节。

空调系统的能耗与许多因素相关,如室内温度、相对湿度、风速,出于建筑节能考虑,在不降低室内舒适度标准的条件下,要求冬季室内温度偏低一些,而夏季室内温度偏高一些,室内相对湿度为 30%～70%。冬季室内相对湿度每提高 10%,供热能耗增加 6%,因此不宜采用过高的相对湿度。夏季空调室内计算温度和湿度越低,房间的计算冷负荷就越大,系统耗能也越大。因此通过合理组合室内空气设计参数可以收到明显的节能效果。另外,蒸汽凝结水应回收利用。当空调系统在技术经济条件合理时,应进行余热回收。

在空调中除一部分工艺空调需要全年按不变温湿度设定值控制外,很多工艺空调及舒适空调都不要求固定设定值恒温恒湿控制。例如若用户只要求相对湿度不大于某一数值,则冬季就不必增设加湿控制。对于一般舒适空调,若冬季室内温度设定值适当降低、夏季室内温度设定值适当提高,则不仅减轻了人对室内外温差大的不适应感,而且可获得明显的节能效果。据有关资料介绍,当夏季室内温度设定值从26 ℃提高到 28 ℃时,可节省冷负荷 21%~23%;当冬季室内温度从 22 ℃降到20 ℃时,可减少热负荷 26%~31%。

在夏季随室外温度升高,室内温度设定值相应提高,这不仅可减少室内外温差造成的冷热冲击而提高人的适应感,而且可获得节能效果。设计时可采用带新风补偿特性的专用空调控制。

按昼夜不同时间变设定值温度调节可调整工作人员的精神情绪和人体的舒适性。采用时间程序变设定值调节仪进行温度调节是十分容易的。

舒适空调无人变设定值调节、室内外温度跟踪调节等具有明显的节能效果,目前已有专用或通用仪表可供使用。分程调节有时也是工况转换的手段,可实现最大限度的节能。

4. 输送系统节能控制

当风机的风量与负荷相适应时,这是节能的运行工况。如果风量过大、压头过高,则应进行调节。一种调节方法是改变系统的特性,依靠调节管道中阀门的开度进行节流调节,靠增管道阻力的大小来改变管道系统的阻力特性,建立新的工况点,实现风量调节。这种调节虽然易实现,但将造成无谓的节流损失,浪费电力。另一种调节方法是采用改变风机特性的方法,例如通过控制风机入口导叶片开度、改变轴流式风机叶片节距、改变风机转速等来改变风机特性。这些方式以变转速调节节能效果最佳。采用变风量调节比采用调节阀节流调节的节能效果更显著。因为当管道系统的阻力不变时,若转速改变,则风压与风量、轴功率与风量特性曲线都随之变化。采用变转速调节是节能的有效手段,这也是自动控制设计实现节能的着眼点。变风量空调系统采用变转速调节风量来实现室温恒定,同样可获得十分好的效果。

水泵的调节情况与上述类似。水流量的调节长期以来都采用调节阀节流调节。当空调系统是以一水泵对一调节系统时,应考虑采用调转速方式,以实现节能。

风机与水泵的变转速调节的节能效果最佳,轴功率消耗最低。对泵和风机变转速调节因变转速拖动方式而有多种方法。第一类拖动方式是原动机转速不变,靠耦合器实现变转速,在工程上液力耦合器与电磁耦合器应用广泛。第二类拖动方式是原动机(汽轮、燃气轮机等)或电机变转速带动风机或水泵一起变转速。在空调中使用的风机或水泵均是由交流电机拖动的,从实现自动控制来说,变速调节流量采用目前国内研制或引进的晶闸管串级调速控制装置(绕线式交流电机)和变频调速控制装置最为方便。它们都能直接接收控制器送来的 0～10 mA 直流或 4～20 mA 直流调节信号而使水泵与风机变转速调节流量。对于变频调速,其控制器不仅可用于水泵出口流量的调节,还可以用于水泵出口压力恒定的调节。该调节方式平稳,调节质量高,因此在空调自动控制设计中也应推广应用。

5. 采用热回收式机组

采用热回收式机组可实现供热、供冷一体化,能有效节能,是值得推行的新型节能模式。该类机组的室外机为双压缩机和双换热器,并增加了一根制冷剂连通管。当同时需供冷和供热时,需供冷区域蒸发器吸收的热量通过制冷剂向需供热区域的冷凝器借热,达到了全热回收的目的。室外机的两个换热器、需供冷区域室内机和需供热区域室内机换热器根据负荷的变化,按不同的组合作为蒸发器或冷凝器使用,系统控制灵活。

6. 应用蒸发冷却技术

空气的蒸发冷却利用水的蒸发吸热以降低空气温度,并不需要额外的人工冷源,因此,它作为一种节能的空气降温处理方式,常被用在干热型气候条件下的空调中。随着蒸发冷却空气处理技术的不断发展以及对空调节能要求的提高,空气的蒸发冷却在空调工程中势必有更为广泛的应用前景,尤其是在干热地区更为适用。

通常在夏季空调室外计算湿球温度低于 23 ℃的干燥地区,空气的干球温度高、湿球温度低、含湿量低。在这种情况下不仅可直接利用室外干燥空气消除空调区的湿负荷,还可以通过蒸发冷却消除空调区的热负荷。蒸发冷却技术的应用是节约空调系统能耗的优质选择。

7. 利用天然冷源

对于拥有较低水温的江、河、湖水等自然资源的地区,可以选用自然水体等天然冷源作为空调的冷源。对于地下水资源丰富且有合适的水温、水质的地区,在采取可靠的回灌和防止污染措施的条件下,可适当利用这一天然冷源。

除特殊的工艺要求外,在同一个空调系统中,不宜采用冷却和加热、加湿和除湿相互抵消的处理过程。

8. 应用变频调速技术

目前变频调速技术在冷水机组中的应用越来越成熟,自 2010 年起,我国变频冷水机组的应用呈不断上升的趋势。冷水机组在变频后可有效地提升机组部分负荷的性能,尤其是变频离心式冷水机组,其综合部分负荷性能系数(IPLV)在变频后通常可提升 30% 左右。相应地,由于变频器功率损耗及其配用的电抗器、滤波器损耗,变频后机组在名义工况点的满负荷性能会有一定程度的降低(通常在 3%～4%)。因此,对于负荷变化比较大或运行工况变化比较大的场合,适宜选用变频调速式冷水机组,这样既可使用户获得实际常用工况和负荷下的更高性能,节省运行能耗,又可以实现对配电系统的零电流冲击。当配置多台机组时,有人认为定频机组配合变频机组使用,既节约设备初始投资又能达到需要的负荷调节精度;也有人认为全部配置变频调速机组的运行调节能力更好。具体的配置方式需根据具体的工程情况经技术经济分析后确定。

9. 合理配置电动压缩式冷水机组的总装机容量

电动压缩式冷水机组的总装机容量应根据计算的冷源负荷确定,不应另作附加;在设计条件下,当机组的规格不能符合计算冷负荷的要求时,所选择机组的总装机容量与计算冷负荷的比值不应超过 1.1。

对装机容量问题,在工业建筑的工程项目中曾进行过详细的调查,一般制冷设备装机容量普遍偏大,这些制冷设备和变配电设备"大马拉小车"或机组闲置的情况浪费了大量资金。国内空调工程的总结和运转实践说明,装机容量偏大的现象虽有所好转,但在一些工程中仍存在,主要原因如下:一是空调负荷计算方法不够准确,二是不切实际地套用负荷指标,三是设备选型的附加系数过大。冷水机组总装机容量过大会造成投资浪费。同时,单台机组的装机容量也增加,导致它在低负荷工况下的能效降低。

10. 采用节能型仪表

采用节能型仪表,尤其是流量测量,应尽量不采用节流式测量装置。

3.15 空调机房的设计

空调系统均应配备专用空调机房,空气处理设备宜安装在空调机房内,有利于日常维修和噪声控制。空调机房宜临近所服务的空调区,可减小空气输送能耗和风机压头,也可有效地减小机组噪声和水患的危害。

空调机房的空间设计以及机组排布应留有必要的维修通道和操作、检修空间。同时,尽量避免由于机房面积的限制,机组的出风风管采用突然扩大的静压箱来改变气流方向,导致机组风机压头损失较大,造成实际送风量小于设计风量的现象发生。

为降低风机和水泵运行的振动对工艺生产与操作人员的影响,空调机组所配的风机和水泵应设置良好的减振装置。对于某些精密加工生产工艺,对防微振要求很高,风机和水泵可设置多级减振。空调机房还应设置排水水封。

3.16 空调机组的防冻保护

对于严寒和寒冷地区的新风集中处理空调系统以及全新风空调系统,为了避免铜管冻裂需要做防冻设计工作。通常采用的方法有:选用电动保温型新风阀并与风

73

机联锁;分设预热盘管和加热盘管,预热盘管的结构形式应利于防冻,预热盘管热水和空气应顺流;在加热盘管后设温度检测装置,当低于 5 ℃时停机保护;加热器设置循环水泵,以加大循环水量;设混风阀,必要时通过开启混风阀关小新风阀,提高加热器前空气温度;当空气处理设备比较高时,在高度方向上将它分隔成多层,防止出现大的温度梯度。

当室内温度允许波动范围小于±1.0 ℃时,送风末端设置加热器或冷却器;当热水或冷冻水的供水温度与室内温度相差不大时,也可以满足温度的高精度控制。

第4章 空调系统的选择思路和设计技巧

4.1 空调系统的选择设计

空调系统选择设计的总原则是在满足使用要求的前提下,尽量做到节省投资、系统运行经济、减少能耗。当选择设计空调系统时,应根据建筑的用途、构造形式、规模、使用特点、负荷变化情况与参数要求、所在地区气象条件与能源状况等,通过技术经济比较确定。

1. 全空气定风量空调系统的选择

空间较大、人员较多,或温湿度允许波动范围小,或噪声/洁净度标准高,或过渡季可利用新风作冷源的空调区宜采用全空气定风量空调系统。

2. 一次回风全空气定风量空调系统的选择

全空气定风量空调系统多采用改变冷热水水量控制送风温度,而不采用变动一、二次回风比的复杂控制系统,且变动一、二次回风比会影响室内相对湿度的稳定,也不适用于散湿量大、温湿度要求严格的空调区。因此,当空调区允许采用较大送风温差时,一般推荐采用系统简单、易于控制的一次回风全空气定风量空调系统。

对于采用下送风方式的空调风系统以及洁净室的空调系统,其允许送风温差都较小,为避免再热量的损失,不采用一次回风全空气定风量空调系统而使用二次回风全空气定风量空调系统。

3. 双风机空调系统的选择

整套系统仅有送风机的单风机空调系统由于具有系统简单、占地面积小、一次投资经济、运转耗电量少的优点,因此常被采用。当不同季节的新风量变化较大,而其他排风措施不能适应风量变化要求时,在需要变换新风、回风和排风量的情况下,单风机空调系统呈现调节困难、空调处理机组容易因系统阻力大和风机风压高而导致漏风等缺陷,并且在这种状况下不可避免地存在耗电量大、噪声也较大的问题。因此,采用双风机空调系统是既经济又妥善的解决方案。

4. 全空气变风量空调系统的选择设计

(1) 全空气变风量空调系统的选择

当需要负担多个空调区,各空调区负荷变化较大,且低负荷运行时间较长,需要分别调节室内温度时,可采用全空气变风量空调系统。当负担多个空调区,各空调区负荷变化较大时,在各个空调区分别设置变风量末端,或者采用空调机组分区送风的方式集中设置变风量装置,均可达到系统变风量的目的,从而实现分室控制温度以及节能运行。

当负担单个空调区,低负荷运行时间较长,且相对湿度不宜过大时,也可采用全空气变风量空调系统。当全空气变风量空调系统部分负荷时如果不改变空调系统的送风量,则要保持室内温度只能通过减小送风温差来达到热量平衡,此时热湿比线右移使室内相对湿度变大。如果采用全空气变风量空调系统,则当部分负荷时,通过减小送风量不但可以节省风量输送电能,而且能够保持较低的相对湿度,减轻室内金属零部件的锈蚀。因此,这样的应用环境也应当选用全空气变风量空调系统,从而达到技术经济合理的效果。

由于全空气变风量空调系统的风量变化范围有一定的限制,且湿度不易控制,因此它不宜用在温湿度精度要求高的工艺空调区。全空气变风量空调系统由于末端装置控制等需要较高的风速、风压,末端阀门的节流及设小风机等都会产生较高噪声,因此不适用于对噪声要求严格的空调区。由于全空气变风量空调系统比其他空调系统造价高,比风机盘管加新风系统占据空间大,因此在使用前应进行技术经济比较,综合比选。

（2）全空气变风量空调系统的设计

对于全空气变风量空调系统,应采用风机调转速改变系统风量的方式以达到节能的目的,而不应采用恒速风机通过改变送风阀和回风阀的开度实现变风量等简易方法。当送风量减少时,新风量也随之减少,会产生新风不满足卫生要求的后果,因此,应通过采取保证最小新风量的措施达到环境卫生要求。系统的最大送风量应根据空调区夏季冷负荷确定,最小送风量应根据负荷变化情况、送风方式、系统稳定要求等确定。

5．风机盘管加新风空调系统的选择

空调区较多、各空调区要求单独调节,且层高较低的建筑宜采用风机盘管加新空调风系统。经处理的新风应直接被送入室内。

风机盘管空调系统具有各空调区可单独调节、比全空气空调系统节省空间、比带冷源的分散设置的空调器和变风量空调系统造价低廉等优点。

风机盘管加新风空调系统由于存在不能严格控制室内温湿度、常年使用时冷却盘管外部因冷凝水而滋生微生物、恶化室内空气等缺点,因此不适用于对温湿度和卫生等要求较高的空调区。由于风机盘管对空气进行循环处理,一般不做特殊的过滤,因此它不适用于空调区空气质量和温湿度波动范围要求严格或空气中含有较多油烟等有害物质的环境。

6．蒸发冷却空调系统的选择设计

（1）蒸发冷却空调系统的选择

蒸发冷却空调系统是利用室外空气中的干湿球温差所具有的"天然冷却能力"，

通过水与空气之间的热湿交换,对被处理的空气或水进行降温处理,以满足室内温湿度要求的空调系统。

在室外气象条件满足要求的前提下,推荐在夏季空调室外计算湿球温度较低的北方干燥地区(通常在低于 23 ℃的地区)采用蒸发冷却空调系统,降温幅度大约能达到 10～20 ℃的明显效果。

对于空调区全年需要以降温为主,显热负荷大,但散湿量较小或无散湿量的高温工业厂房、动力发电厂汽机房、变频机房、通信机房、通信基站、数据中心等,采用蒸发冷却空调系统或蒸发冷却与机械制冷联合的空调系统与传统压缩式空调机相比,耗电量只有其 1/10～1/8。在全年中的过渡季节使用蒸发冷却空调系统,在高温高湿季节使用蒸发冷却与机械制冷联合的空调系统,以有利于空调系统的节能。

对于生产工艺要求空调区相对湿度较高的纺织厂、印染厂、服装厂等工业建筑,应当采用蒸发冷却空调系统。在较潮湿的南方地区,使用蒸发冷却空调系统一般能达到 5～10 ℃的降温效果。

(2)蒸发冷却空调系统的设计

按负担空调区热湿负荷所用的介质不同,蒸发冷却空调系统的形式可分为全空气式和空气-水式蒸发冷却空调系统。当通过蒸发冷却处理后的空气能承担空调区的全部显热负荷和散湿量时,应选全空气式蒸发冷却空调系统;当通过蒸发冷却处理后的空气仅承担空调区的全部散湿量和部分显热负荷,而剩余部分显热负荷由冷水系统承担时,应选用空气-水式蒸发冷却空调系统。在空气-水式蒸发冷却空调系统中,水系统的末端设备可选用干式风机盘管机组、辐射板或冷梁等。

全空气式蒸发冷却空调系统根据空气处理方式,可采用直接蒸发冷却、间接蒸发冷却、间接-直接复合式蒸发冷却、蒸发冷却-机械制冷联合式空调技术以及除湿-蒸发冷却。

对于夏季空调室外计算湿球温度低于 23 ℃的干燥地区,其空气处理方式可采用直接蒸发冷却。当空调区热湿负荷较大时,为强化冷却效果,进一步降低系统的送风温度,减小送风量和风管面积,可采用复合式蒸发冷却。复合式蒸发冷却的二级蒸发冷却是指在一个间接蒸发冷却器后再串联一个直接蒸发冷却器;三级蒸发冷却是指在两个间接蒸发冷却器串联后,再串联一个直接蒸发冷却器。对于夏季空调室外计算湿球温度在 23～28 ℃的中等湿度地区,单纯用复合式蒸发冷却已无法满足送风含湿量的要求,可采用在一个间接蒸发冷却器后串联一个空气冷却器的方式,以间接蒸发冷却为主、机械制冷为辅。对于夏季空调室外计算湿球温度高于 28 ℃的高湿度地区,既可采用在一个间接蒸发冷却器后串联一个空气冷却器的方式,以机械制冷为主、间接蒸发冷却为辅,又可采用除湿与蒸发冷却混合的方式,即采用冷冻除湿、转轮除湿及溶液除湿等除湿方法先将被处理空气处理到干燥地区的状态,再串联一个直接蒸发冷却器或复合式蒸发冷却器。

7. 低温送风空调系统的选择

当有低温冷媒可利用时,宜选择低温送风空调系统。低温送风空调系统比常规空调系统的送风温差和冷水温升大、送风量和循环水量小,减小了空气处理设备、水泵、风道等的初始投资,节省了机房面积和风道所占空间高度。由于冷水温度低,其制冷能耗比常规空调系统要高,可采用蓄冷系统使制冷能耗发生在非用电高峰期,而在用电高峰期使用的风机和冷水循环泵的能耗却有显著的降低,因此与冰蓄冷结合使用的低温送风系统相比明显地减少了用电高峰期的电力需求和运行费用。

蓄冰空调冷源需要较高的初始投资,实际用电量也较大,利用蓄冰设备提供的低温冷水与低温送风系统结合,可有效地减少初始投资和用电量,且更能够发挥减少电力需求和运行费用的优点,因此特别推荐使用。其他能够提供低温冷媒的冷源设备(如干式蒸发或利用乙烯乙二醇水溶液作冷媒的空气处理机组)也可采用低温送风空调系统;常规冷水机组提供的5~7 ℃的冷水,也可用于空气冷却器的出风温度为8~10 ℃的空调系统。

低温送风空调系统加大了空气的除湿量,降低了室内湿度,增强了室内的热舒适性。对于要求保持较高空气湿度或需要较大送风量的空调区,不宜采用低温送风空调系统。

8. 单元式空调系统的选择设计

(1) 单元式空调系统的选择

当空调面积较小,采用集中供冷、供热系统不经济时,或需设空调的房间布置过于分散时,宜选择单元式空调系统。

(2) 单元式空调系统的设计

在气候条件允许的条件下,采用热泵型机组供暖比电加热供暖节能。当厂房有蒸汽或热水供给时,可利用集中热源供热。对于屋顶单元式空调机,可根据需要配备机组功能段,如过滤段、新风净化段、热水或蒸汽加热段等。非标准设备宜按机电一体化要求配置机组,自带温度控制、湿度控制、过滤器压差报警、联锁、自动保护等功能。

9. 直流式空调系统的选择设计

(1) 直流式空调系统的选择

对于以消除余热余湿为目的的空调系统,当夏季室内空气焓值高于室外空气焓值,使用回风不经济时,或当空调区排风量大于系统送风量时,亦或当空调系统具有防毒、防爆需求,不得从室内回风时,应当选用直流式空调系统。

(2) 直流式空调系统的设计

当在湿热地区采用直流式空调系统时,在夏季应采取防止未经除湿的新风直接被送入室内的措施。当采用房间温度或送风温度控制表面式空气冷却器水阀开度时,有阀门全关的情况出现,这时未经除湿的新风直接被送入室内,室内易出现结露现象。避免这种情况出现的方法有定露点控制加再热方式、设定水阀不能全关、在工艺允许的情况下改变送风量等。

直流式空调系统一般在对安全、卫生等有要求的环境中使用,因其能耗较大,故在一般情况下不采用。有回风的混风空调系统较为实用。

4.2　空调系统设计示例

下面通过一系列设计示例来探讨各类空调系统的设计配置和功能实现。

4.2.1　直流式调温除湿空调系统

直流式调温除湿空调系统的组成如图 4.1 所示,由压缩机段、新风段、初效过滤段、直接蒸发段、新风预热段、水冷冷凝热回收段、电加热段、电加湿段、变频送风机段等主要功能段组合而成。为满足不同工况使用要求,机组设置双冷凝器。空调控制柜以可编程控制器(PLC)为核心,外设与它相应的接触器和继电器等组成完整的空调自动控制系统。

直流式调温除湿空调系统的设备参数如表 4.1 所列。

表 4.1　直流式调温除湿空调系统的设备参数

设备名称	主要参数	备　注
送风机	功率 11 kW;风机全压 1 800 Pa	风机变频
预加热器	功率 60 kW+30 kW+15 kW+15 kW=120 kW	
电加热器	功率 13 kW+26 kW+13 kW=52 kW	
电加湿器	功率 48 kW;加湿量 60 kg/h	电热式
压缩机	功率 3×10.7 kW,总功率 32.1 kW	全封闭涡旋式压缩机
风冷冷凝器	冷凝热 157.1 kW	
水冷冷凝器	冷凝热 157.1 kW;冷却水流量 19.3 m³/h;进出口水温 28/35 ℃	
蒸发器	制冷量 125 kW	制冷量按 0%/25%/50%/75%/100% 分级调节
初效空气过滤器	G4	配压差传感器
防火阀	1 250 mm×900 mm,2 个;1 200 mm×1 800 mm,1 个	常开,70 ℃ 熔断关闭
电动对开多叶调节阀	1 250 mm×900 mm,220 V,3 个;1 250 mm×1 000 mm,220 V,3 个	保温型
微穿孔板消声器	1 250 mm×900 mm,L=1 m,消音层厚度 100 mm	

注：机组风量 10 000 m³/h;机外余压 1 000 Pa;噪声≤72 dB(A);机组出风最高温度 45 ℃、最低温度
　　6 ℃;控制精度:温度±2 ℃,湿度±5%;低温型;总耗电量 225.5 kW/380 V。

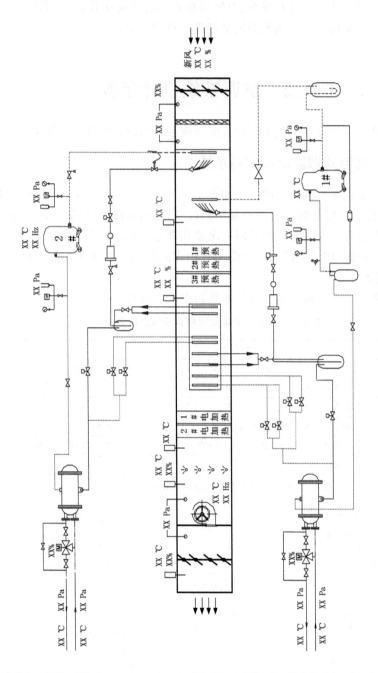

图4.1 直流式调温除湿空调系统的组成

直流式调温除湿空调系统的工艺流程如图 4.2 所示。

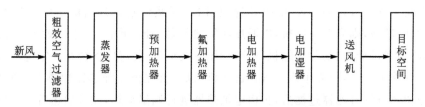

图 4.2　直流式调温除湿空调系统的工艺流程

在夏季工况下,利用风冷式和水冷式除湿(即冷却除湿)的原理,外界高温高湿空气在离心式风机的作用下被吸入机组,先经初效过滤,再经蒸发器冷却,空气中的水分凝结并排出,从而达到除湿的目的。冷却除湿后的空气经氟加热器加热,在温度升高的同时相对湿度降低,其温湿度被控制在设定范围内,并经离心式风机、风管送达目标空间。整个过程的控制由 PLC 完成,PLC 采集经过处理后的空气的温湿度数据,若湿度过高,则启动压缩机,以增加压缩机组数,使湿度降低到所设定的目标值;同理,若湿度过低,则切除压缩机,以减少压缩机组数,使湿度保持在一定范围内。

在冬季工况下,外界干冷空气在进入机组后,首先被初效过滤,然后由预加热器加热至 5 ℃以上,再由电加热器进行调温加热,经过加热后的干燥空气由电加湿器进行加湿处理,从而得到温湿度合适的空气。PLC 主要完成对电加热器和电加湿器的控制,采集新风经过预加热后的温度和调温加热后的温度,通过控制预加热器和电加热器的组数控制加热温度。电加湿器为一个独立单元,采集空气加湿后的湿度,由其内部的中央处理器(CPU)进行 PID 控制,从而控制系统湿度。

4.2.2　新风-回风调温除湿空调系统

新风-回风调温除湿空调系统的工艺流程如图 4.3 所示。

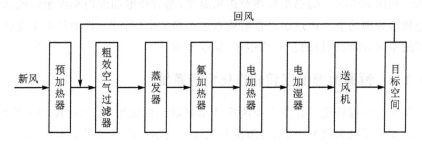

图 4.3　新风-回风调温除湿空调系统的工艺流程

在夏季工况下,利用风冷式和水冷式除湿(即冷却除湿)的原理,外界高温高湿空气在离心式风机的作用下被吸入机组,先经初效过滤,再经蒸发器冷却,空气中的水分凝结并排出,从而达到除湿的目的。冷却除湿后的空气经氟加热器加热,在温度升高的同时相对湿度降低,其温湿度被控制在设定范围内,并经离心式风机、风管送达目标空间。整个过程的控制由 PLC 完成,PLC 采集经过处理后的空气的温湿度数据,若湿度过高,则启动压缩机,以增加压缩机组数,使湿度降低到所设定的目标值;同理,若湿度过低,则切除压缩机,以减少压缩机组数,使湿度保持在一定范围内。

在冬季工况下,外界干冷空气在进入机组后,首先由预加热器加热至 5 ℃ 以上,然后经初效空气过滤器过滤后,再由电加热器进行调温加热,经过加热后的干燥空气由电加湿器进行加湿处理,从而得到温湿度合适的空气。PLC 主要完成对电加热器和电加湿器的控制,采集新风经过预加热后的温度和调温加热后的温度,通过控制预加热器和电加热器的组数控制加热温度。电加湿器是一个独立单元,采集空气加湿后的湿度,由其内部的中央处理器进行 PID 控制,从而控制系统湿度。

4.2.3　用一备一空调系统

用一备一空调系统的组成如图 4.4 所示,该空调系统用于某高大空间封闭区的空调,直流模式运行。封闭区面积为 14 m×13.84 m(193.76 m²),封闭范围为 0.00～41.00 m。

工艺测控要求为冬季温度≥10 ℃,夏季温度≤28 ℃。在空调机房内设 2 台组合式全空气空调机组,用一备一。当冬季负荷较大时,可同时开启 2 台机组,系统采用外用式电热蒸汽加湿器(使用纯水加湿,纯水电导率≤18 μs/cm)。机组送风量为 28 000 m³/h,最高出风温度为 35 ℃,最低出风温度为 12 ℃。控制精度:温度 ±5 ℃,湿度±10%。

夏季工况:室外新风先经直接蒸发表冷段降温除湿,再经微调电加热段加热至送风温度。每台机组的能量调节范围为 10%～100%。

冬季工况:室外新风先经机组外电预热段与机组内电加热段加热至 0 ℃,再经热水加热段利用 70/55 ℃ 的热水加热至送风温度,然后经电加湿段加湿至送风状态点。

经机组处理的空气通过送风管被垂直送至高大空间各层,再通过水平支管、风口送至封闭空间,以保证封闭空间的正压、温度要求。

4.2.4　恒温恒湿低温转轮净化空调系统

恒温恒湿低温转轮净化空调系统设计示例以某恒温恒湿、洁净度为 8 级的封闭环境保障空调系统为研究对象,其组成如图 4.5 所示。该系统采用循环风运行,送风温度为(20±5) ℃、相对湿度为 35%～55%(当 20 ℃ 时),送风口温度 7～40 ℃ 可调,调温精度为±2 ℃,相对湿度精度为 3%,洁净度等级为 8 级,机组送风量为 15 000 m³/h,一次回风量为 9 000 m³/h。

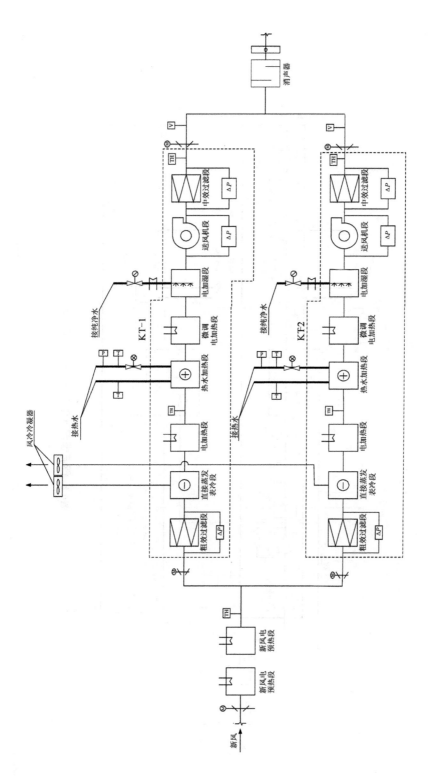

图4.4　用一备一空调系统的组成

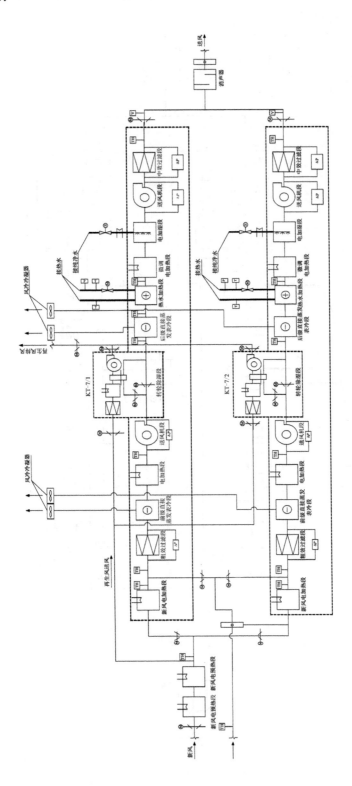

图4.5 恒温恒湿低温转轮净化空调系统的组成

夏季工况:新风先经直接蒸发表冷段降温,再经微调电加热段加热至送风温度,能量无极调节;当送风含湿量＞6.0 g/kg 干空气时,新风先经前级直接蒸发表冷段预降温,随后通过转轮除湿段除湿,再进入后级直接蒸发表冷段降温,经微调电加热段加热至送风温度。

冬季工况:室外新风先经电加热段升温,再经电加湿段被处理至送风状态点。

4.2.5 热回收空调系统

热回收空调系统的热回收装置由膨胀罐、乙二醇溶液泵、电动三通阀、新风盘管、排风盘管、过滤网以及管路等组成,采用乙二醇溶液循环回收排风系统的热量,为空调机组新风加热,以降低空调系统运行能耗。其热回收效率不低于 60%。

热回收装置的主要设备参数如表 4.2 所列。

表 4.2 热回收装置的主要设备参数

设备名称	主要参数	备　注
新风盘管	风量 40 000 m³/h;热回收效率≥60%;工作压强 0.4 MPa;迎面风速 2.48 m/s;最低工作温度≤−40 ℃	
排风盘管	风量 40 000 m³/h;热回收效率≥60%;工作压强 0.4 MPa;迎面风速 2.48 m/s;最低工作温度≤−40 ℃	
乙二醇溶液泵	CDLF32−10,32 t/h,12 m,3 kW;允许使用温度为 −40~40 ℃	乙二醇溶液的质量浓度为 58%
电动三通阀	AVF-5907-7330PW(220 VAC);允许使用温度为 −40~40 ℃	由 DC4~20 mA 比例信号控制,DC4~20 mA 反馈信号反映阀位位置
膨胀罐	400 mm×400 mm×250 mm	不锈钢开式膨胀罐

热回收空调系统的工艺流程如图 4.6 所示。在夏季工况下,当热回收空调系统任一台机组运行时,检测室外新风与室内排风的温度,当 $t_1-t_2>5$ ℃时,启动乙二醇溶液泵,关闭电动三通阀 B 口。

在冬季工况下,当热回收空调系统任一台机组运行时,检测室外新风与室内排风的温度,当 $t_1-t_2>5$ ℃时,启动乙二醇溶液泵,并由 TS3 传感器(在控制屏上可设定 0~10 ℃)控制电动三通阀动作。当实际温度低于设定值时,增加 B 的开度、减小 A 的开度;反之,当实际温度高于设定值时,增加 A 的开度、减小 B 的开度。

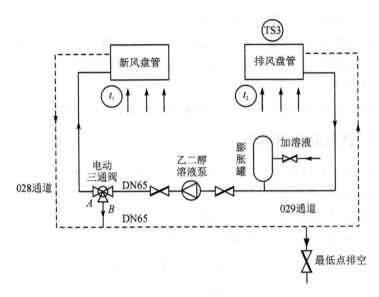

图 4.6　热回收空调系统的工艺流程

4.2.6　风冷调温管道型全新风除湿空调系统

风冷调温管道型全新风除湿空调系统的工艺流程如图 4.7 所示。

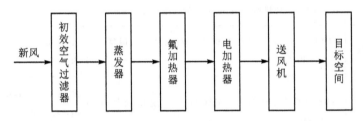

图 4.7　风冷调温管道型全新风除湿空调系统的工艺流程

在夏季工况下,利用风冷式除湿(即冷却除湿)的原理,外界高温高湿空气在离心式风机的作用下被吸入机组,先经初效过滤,再经蒸发器冷却,空气中的水分凝结并排出,从而达到除湿的目的。冷却除湿后的空气经氟加热器加热,在温度升高的同时相对湿度降低,其温湿度被控制在设定范围内,并经离心式风机送到目标空间。整个过程的控制由 PLC 完成,PLC 采集经过处理后的空气的温湿度数据,若湿度过高,则启动压缩机,以增加压缩机组数,使湿度降低到所设定的目标值;同理,若湿度过低,则切除压缩机,以减少压缩机组数,使湿度保持在一定范围内。

在冬季工况下,外界干冷空气在进入机组后,首先经初效过滤,然后由电加热器进行调温加热,经过加热后的空气被送到目标空间。PLC 主要完成对电加热器的控制,采集经过加热后的空气的温度,通过控制电加热器的组数控制加热温度。

4.2.7 多联机空调系统

多联机空调系统俗称"一拖多",是通过控制压缩机的制冷剂循环量和进入室内换热器的制冷剂流量,适时地满足室内冷热负荷要求的高效率空调系统。

工作原理:由控制系统采集室内舒适性参数、室外环境参数和表征制冷系统运行状况的状态参数,根据系统运行优化准则和人体舒适性准则,通过变频等手段调节压缩机输气量,并控制空调系统的风扇、电子膨胀阀等可控部件,保证室内环境的舒适性,从而使空调系统稳定工作在最佳工作状态。某多联机空调系统设备选配参数如表 4.3 所列。

表 4.3 某多联机空调系统设备选配参数

设备名称	主要参数	数量
1# 多联机空调室外机	$Q_1=117$ kW;$Q_r=131$ kW;$P=34.95$ W/380 V;运转范围:制冷 $-5\sim52$ ℃,制热 $-20\sim24$ ℃;运转噪声 64 dB(A)	1 台
2# 多联机空调室外机	$Q_1=95$ kW;$Q_r=106$ kW;$P=26.58$ W/380 V;运转范围:制冷 $-5\sim52$ ℃,制热 $-20\sim24$ ℃;运转噪声 63 dB(A)	1 台
3# 多联机空调室外机	$Q_1=78.5$ kW;$Q_r=87.5$ kW;$P=22.83$ kW/380 V;运转范围:制冷 $-5\sim52$ ℃,制热 $-20\sim24$ ℃;运转噪声 62 dB(A)	1 台
4# 多联机空调室外机	$Q_1=56$ kW;$Q_r=63$ kW;$P=15.58$ kW/380 V;运转范围:制冷 $-5\sim52$ ℃,制热 $-20\sim24$ ℃;运转噪声 61 dB(A)	1 台
天花板嵌入导管内藏式室内机	$Q_1=7.1$ kW;$Q_r=8.0$ kW;$q=990$ m³/h;$P=110$ W/380 V;运转噪声 36 dB(A)	10 台
环绕气流天花板嵌入式室内机	$Q_1=2.8$ kW;$Q_r=3.2$ kW;$q=780$ m³/h;$P=17$ W/380 V;运转噪声 28 dB(A)	3 台
环绕气流天花板嵌入式室内机	$Q_1=3.6$ kW;$Q_r=4.0$ kW;$q=810$ m³/h;$P=17$ W/380 V;运转噪声 29 dB(A)	3 台
环绕气流天花板嵌入式室内机	$Q_1=4.5$ kW;$Q_r=5.0$ kW;$q=810$ m³/h;$P=19$ W/380 V;运转噪声 29 dB(A)	6 台
环绕气流天花板嵌入式室内机	$Q_1=5.6$ kW;$Q_r=6.3$ kW;$q=960$ m³/h;$P=27$ W/380 V;运转噪声 32 dB(A)	33 台
环绕气流天花板嵌入式室内机	$Q_1=8.0$ kW;$Q_r=9.0$ kW;$q=1\,500$ m³/h;$P=63$ W/380 V;运转噪声 38 dB(A)	3 台

注:机组总耗电量——室内机总制冷量 346 kW,室外机总制冷量 346.5 kW。

4.2.8　新风系统

新风系统采用低噪声消声型斜流式风机,风管上设置风管式电加热器和风管式电热式加湿器,电加热器、电热式加湿器与风机联锁。由温度传感器控制的温度开关来控制电加热器的启停、分档运行,在电加热器的出风口处设置湿度传感器来控制电热式加湿器的运行,进而控制送风温湿度。

新风系统设备参数如表 4.4 所列。

表 4.4　新风系统设备参数

设备名称	主要参数	备　注
消声型斜流式风机	风量 $q=1\ 600\ \text{m}^3/\text{h}$;$P=290\ \text{Pa}$;$n=1\ 450\ \text{r/min}$;$P=0.75\ \text{kW}/380\ \text{V}$;出口噪声 70 dB(A)	风机外包覆消声材料
风管式电加热器	$P=25\ \text{kW}/380\ \text{V}$,4 档调节 6/12/18/25 kW	自带控制箱和控制系统
风管式 电热式加湿器	$P=12\ \text{kW}/380\ \text{V}$;加湿量 16 kg/h	自带控制箱和控制系统
防火阀	320 mm×200 mm,FH-JF	常开,70 ℃熔断关闭
电动对开多叶调节阀	$\phi350\ \text{mm}$,220 V	
双层百叶风口	FK-19;400 mm×250 mm,2 个	
袋式初效空气过滤器	接口管径 320 mm×200 mm;过滤效率≥85%	可下侧抽出
微穿孔板消声器	接口尺寸 320 mm×200 mm;消声层厚度 100 mm	

注:机组总耗电量 0.75 kW。

4.2.9　移动式除湿机

移动式除湿机由离心式风机、风冷冷凝器、蒸发器、干燥过滤器和压缩机等部件组成。其主要技术指标如表 4.5 所列。

移动式除湿机采用机械冷冻的方法冷却空气,使空气温度低于其露点,从而析出水分。其工作原理如图 4.8 所示。

室内空气经空气过滤器后流经蒸发器,与蒸发器表面接触,由于蒸发器表面温度低于空气的露点,因此空气中的水蒸气冷却凝结成水滴,聚集于淋水盘内排出,从而使空气的含湿量降低。而后空气又被风冷冷凝器加热,经过处理的空气被离心式风机引出,并送入房间内。冷却循环不断进行,空气中的水分不断凝结成水滴排出,从而达到除湿的目的。

本机组如果在低温工况下运行则蒸发器表面会结霜,为了确保正常运行,机组安装了自动融霜装置。当蒸发器表面温度低于−10 ℃时,机组自动转换为热气融霜循环;当蒸发器表面温度高于 10 ℃时,机组自动转换为制冷除湿循环,以此保证机组连续运行。

表 4.5　移动式除湿机的主要技术指标

型　号	除湿量/(kg·h⁻¹)	风量/(m³·h⁻¹)	电　源	总功率/kW	制冷剂类型	节流方式	制冷剂流注量/kg	压缩机类型
除湿机 I	3.8	1 100	3 V~50 Hz 380 V	2.7	R22	毛细管	4	全封闭涡旋式
除湿机 II	5.0	1 500		3.0		毛细管	5	
除湿机 III	7.5	2 000		4.3		膨胀阀	8	

型　号	压缩机功率/kW	蒸发器类型	冷凝器类型	风机类型	风机功率/kW	外形尺寸/mm	质量/kg
除湿机 I	2.30	铜管套	铜管套	外转子低噪声离心式	0.32	900×600/1 200(H)	180
除湿机 II	2.65	铜片式	铜片式		0.35	900×600/1 200(H)	200
除湿机 III	3.75				0.55	1 000×700/1 300(H)	260

注：除湿量标定工况——进风干球温度 27 ℃,相对湿度 60%。

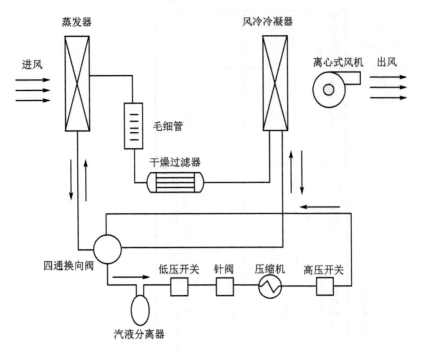

图 4.8 移动式除湿机的工作原理

第 5 章　空调自动控制系统

组合式空调机组一般都有模拟量的温度控制、模拟量的加湿控制、电预热或电再热的分级控制、风机启停调制控制和堵塞报警控制等需求,由于控制设备众多、联锁互锁关系复杂,因此很少使用手动控制形式,多数都采用自动控制模式。空调自动控制系统是利用自动控制装置,保证某一特定空间内的空气环境状态参数达到期望值的控制系统。它一般配置 PLC 或直接数字控制器(direct digitalcontroller,DDC)结合触摸屏、控制计算机的控制形式。

空调自动控制系统的任务是对以空调房间为主要调节对象的空调系统的温湿度及其他参数进行自动检测、自动调节以及有关的信号报警和联锁保护控制,还包括对制冷系统的自动控制。在多数应用场所,冷冻站和空调机房通常都是分建的。对空调中使用的热媒(如蒸汽或热水),还需进行温度、压力、流量等的自动测量、调节及其联锁控制,以保证空调系统的正常运行。此外,还包括对各系统之间配合的控制。

空调系统自动调节与控制的基本内容包括监测组合式空调机组进出风口、机组各功能段以及房间的温度、湿度、风速和压差等传感器参数,监测控制风机、风阀、水阀、电加热器、压缩机、电加湿器、转轮除湿机等功能设备的投切、调制以及运行,根据信号报警驱动联锁保护。空调自动控制系统的测控对象为空调系统所包含的风机、电加热器、电加湿器、压缩机、转轮除湿机、泵、冷冻站、风阀、水阀、防火密闭阀、温湿度传感器、压力传感器和压差传感器等工艺设备。

在满足目标保障前提下,如何最大限度地实现节能、环保、高效,是空调工艺和控制设计工作者一直在研究的课题。根据工艺条件,在满足空调要求的前提下,空调自动控制系统应力求简单、实用、可靠,且具有良好的技术经济指标。

5.1　空调自动控制系统的组成、特点及品质指标

5.1.1　空调自动控制系统的组成

空调自动控制系统由传感器、控制器和执行器组成。

1. 传感器

传感器的核心部分是敏感元件,需要进行调节的参数称为被调参数。传感器感受被调参数的大小,并及时发出信号给控制器。当传感器发出的信号与控制器所要

求的信号不符时,需要利用变送器将传感器发出的信号转换成控制器所要求的标准信号。因此,输入传感器的是被调参数,传感器输出的是检测信号。传感器种类很多,按控制参数可分为温度传感器、相对湿度传感器、压力和压差传感器、焓值传感器和含湿量传感器等。

2. 控制器

控制器接收传感器输出的信号并与设定值进行比较,按设定的控制模式向执行器发出调节信号。任一时刻被调参数的实测值与设定值之差称为偏差。控制器对偏差按一定的模式进行计算,并给出调节量。

常用的控制模式有:

① 双位控制——开关控制(如压差开关、流量开关等)。

② 比例(P)控制——调节量正比于偏差。

③ 积分(I)控制——调节量正比于偏差对时间的积分。

④ 微分(D)控制——调节量正比于偏差对时间的导数。

3. 执行调节机构

执行调节机构根据控制器的调节信号驱动调节机构,如接触器、电动阀门的电动机、电磁阀的电磁铁和气动薄膜部分等都属于执行机构。

调节机构与执行机构紧密相联,有时合成一个整体,称为执行调节机构。如调节风量的阀门、冷热媒管路上的阀门和电加热器等。

无论是简单还是复杂的空调,其基本的自动控制系统都是由以空调房间为主的调节对象及检测与变送装置、控制器和执行器等组成的闭环系统,如图5.1所示。

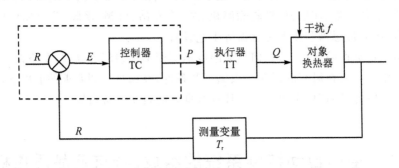

图5.1 空调自动控制系统

5.1.2 空调自动控制系统的特点

空调自动控制系统的独特之处是具有实现节能的多工况转换部分。它可以由电气控制电路、智能仪表设备、PLC(或空调专用控制机或DCS等)及配套控制软件来实现。

实现空调系统的自动化,不仅可以提高调节质量,降低冷、热量的消耗,节约能量,而且可以减轻劳动强度,减少运行人员数量,提高劳动生产率和技术管理水平。空调系统自动化程度也是反映空调技术先进性的一个重要方面。因此,随着自动调节技术和电子技术的发展,空调系统的自动控制必将得到更广泛的应用。

5.1.3 实现自动控制的品质指标

1. 静 差

空调自动控制系统在消除扰量后,当从原来的平衡状态过渡到新的平衡状态时,被调参数的新稳定值与原来的设定值之间的偏差称为静差。静差愈小愈好,其大小由控制器决定。

2. 动态偏差

在过渡过程中,被调参数与新的稳定值的最大偏差称为动态偏差。动态偏差常指第一次出现的超调,愈小愈好。

3. 调节时间

调节系统从原来的平衡状态过渡到另一个新的平衡状态所经历的时间称为调节时间,它愈短愈好。

以上三项指标根据要求不同而定。对于一般精度、恒温室的空调自动控制系统,要求动态偏差和静差不超过恒温精度。例如要求室内温度(20±1)℃,且过渡过程要短。对于高精度空调系统,要求就更严格。

5.2 空调系统监测与控制

5.2.1 监测与控制

空调系统的监测与控制包括参数检测、参数与设备状态显示、自动调节与控制、工况自动转换、设备联锁、自动保护与报警、能量计量以及集中监控与管理等。空调系统监测与控制的设计应根据建筑的功能与标准、系统类型、设备运行时间以及生产工艺要求等因素,通过技术经济比较确定,实现只测不监、只监不控、远动操作、安全保护、自动调节等不同层次的功能。

① 参数检测:根据管理和控制的需要,测量相关参数的数值。

(a)空调系统应监测与控制的参数:室内外空气的参数,喷水室用的水泵的出口压力,冷却器出口的冷水温度,加热器进出口的热媒温度和压力,空气过滤器进出口静压差并应超限报警,风机、水泵、转轮热交换器、加湿器等设备的启停状态等。

(b)空调冷热源及其水系统应监测与控制的参数:冷水机组蒸发器进出口水温、压力;冷水机组冷凝器进出口水温、压力;热交换器一、二次侧进出口温度、压力;分集水器温度、压力(或压差),集水器各支管温度;水泵进出口压力;水过滤器前后压差;冷水机组、水阀、水泵、冷却塔风机等设备的启停状态。

(c)蓄冷、蓄热系统应监测与监控的参数:蓄热水槽进出口的水温、冰槽进出口的溶液温度、蓄冰量、蓄水罐的液位、蓄水罐内的水温、调节阀的阀位、流量、冷热量。

② 参数与设备状态显示:在集中监控系统或本地控制系统的界面显示,或通过打印单元打印某一参数的数值或者某一设备的运行状态。

③ 自动调节:使某些运行参数自动保持规定值或按预定的规律变动。

④ 自动控制:使系统中的设备及元器件按规定的程序启停。

⑤ 工况自动转换:在多工况运行的系统中,根据运行要求自动从某一运行工况转到另一运行工况。

⑥ 设备联锁:使相关设备按某一既定程序顺序启停或者动作互锁。

⑦ 自动保护与报警:当设备运行状态异常或某些参数超过允许值时,发出报警信号或使系统中某些设备及元器件自动停止工作。

⑧ 能量计量:计量系统的电力使用量、燃气使用量、冷热量、水流量及其累计值等,是实现系统节能、更好地进行能量管理的基础。

⑨ 集中监控与管理:对空调系统的集中监控与管理,既考虑局部,又注重总体,实现各类设备的综合高效运行。

当生产工艺需要对空调设备进行监测与控制时,应优先由生产工艺的控制系统对空调设备进行控制。空调设备的监控系统作为工艺控制系统的辅助,其控制指令不能与工艺控制指令矛盾。

5.2.2 集中监控

当系统规模大、空调设备台数多时,宜采用集中监控系统。由于集中监控系统可以实现设备的远程管理,因此当系统规模大、运行管理人员管理的设备台数较多时,采用集中监控系统能有效减少运行维护工作量,提高管理水平。

当系统各部分相距较远且相关联,并存在工况转换和运行调节时,宜采用集中监控系统。由于集中监控系统远程管理能方便地改变设备工作状态,因此它与常规控制系统相比更容易实现工况转换和调节。

由于集中监控系统容易监控系统的总体运行状态,因此它更有利于实现系统的整体优化、节能运行。采用集中监控系统还能防止事故发生、保证设备和系统运行安全可靠。

集中监控系统应满足工艺要求的时间间隔与测量精度,连续记录、显示各系统运行参数和设备状态;系统存储介质或数据库应保存连续两年以上的运行参数记录;可计算和定期统计系统的能量消耗、各台受控设备连续和累计运行时间。

集中监控系统应可改变各控制器的设定值,并可对设置为"远程"状态的设备直接进行启动、停止和调节操作;可根据预定的时间表,或依据节能控制程序,自动启停系统或设备。

集中监控系统应设置操作者权限、访问控制等安全机制;应有参数越限报警、事故报警及报警记录功能,并宜设有系统或设备故障诊断功能。

集中监控系统的功能是由监控系统的软件包实现的,各厂家的软件包虽然各有特点,但是软件功能应满足要求。在实际工程中,由于没有按照规范条文的要求去做,致使所安装的集中监控系统运行不良的例子屡见不鲜。例如,不设立安全机制,任何人都可进入修改程序的级别,就会造成系统运行故障;不定期统计系统的能量消耗并加以改进,就达不到节能的目标;不记录系统运行参数并保存,就缺少改进系统运行性能的依据等。

集中监控系统应可与制冷机、锅炉等自带控制装置的设备通过通信接口进行数据交互;设置可与其他智能管控系统通信的数据接口。

随着智能建筑技术的发展,主要以管理空调系统为主的集中监控系统只是智能管控系统的一部分。为了实现各智能管控系统数据共享,就要求各子系统(如消防子系统、安全防范子系统等)间能够相互通信并进行数据交互,因而要预留进行数据交互的接口。

5.2.3　就地控制

对于不具备采用集中监控系统的空调系统,当工艺或使用条件有一定要求时,或可防止事故发生、保证安全时,或可实现节能运行时,宜采用就地控制系统。

就地控制系统应具备下述功能:可按满足工艺要求的时间间隔和精度对需要测量的参数进行监测;可对代表性参数的数值进行显示;可根据设定值自动调节相关装置的动作;可进行手动、自动工作模式切换;可根据预定的时间表或依据节能控制程序,自动启停系统或设备;应设有操作者权限、访问控制等安全机制;应有参数越限报警、事故报警功能,并且应当设有系统或设备故障诊断功能;设有可与其他弱电系统通信的接口。

5.2.4　联动联锁控制

当采用集中监控系统时,在保证可靠性的前提下,设备联动、联锁等安全保护措施可以直接通过监控系统下位机的控制程序或点到点的连接实现,尤其是当联动、联锁分布在不同控制区域时,其优越性更大;也可以由本地的机械或电气联动、联锁实现。联动、联锁等安全保护状态应能在集中监控系统的人机界面(HMI)上显示,以方便管理与监视。

当采用就地控制系统时,设备联动、联锁等保护措施可以为就地控制系统的一部分,也可以设置成本地的机械或电气联动、联锁。联动、联锁等安全保护状态应能在就地控制系统的人机界面上显示。

对于不采用自动控制的系统,出于安全保护的目的,应设置本地的机械或电气联动、联锁装置。

空调系统的通用联动联锁控制要求:

① 风机宜采用变频器控制。

② 送风机与回风机的控制回路应联锁。

③ 当防火阀动作或消防系统发出火灾信号时,应立即停止所有风机和电加热器,并关闭相关阀门,同时发出声光报警信号。

④ 转轮除湿机再生段电加热器应与再生段风阀、再生风机、转轮电机联锁,并设过温断电保护装置,转轮应具有位置监测功能。

⑤ 电蒸汽加湿器的水位信号应与供水泵、电加热器联锁。

⑥ 风压过滤器、风机等设备两侧设置的压差传感器应能够报警,并与风机联锁。

⑦ 风机应有电机振动监测装置以及电机轴承温度监测装置。

⑧ 温度与湿度测量传感器的安装位置应根据工艺要求、气流组织、设备布置等具体情况确定,但须避免安装在死角或受辐射热、振动、有滴水的地方。

⑨ 当测量室内平均温度与湿度时,测量传感器应安装在回风口附近;对均匀度要求较高的系统,应安装 3 个以上的传感器,对其测量平均值进行控制。

⑩ 空调系统有代表性的参数,应在便于观察的地点设置就地显示仪表。

设置就地显示仪表的目的,是通过仪表随时向操作人员提供各工况点和室内控制点的情况,以便进行必要的操作,因而应设在便于观察的位置。另外,当集中监控或就地控制系统基于实现监测与控制目的所设置的远传仪表具有就地显示环节时,可不必再设就地显示仪表。

⑪ 采用集中监控系统控制的动力设备,应设就地手动控制装置,并应通过就地/远程转换开关实现就地与远程控制的转换;就地/远程转换开关的状态宜在集中监控系统的人机界面上显示。

⑫ 为便于系统初调试及运行管理,通常将控制器或集中监控系统的下位机安装在被控设备或系统附近;当采用集中监控系统时,为便于管理及提高系统运行质量,应设专门的控制室;当就地控制系统的环节或仪表较多时,为便于统一管理,宜设专门的控制室。

⑬ 在冬季存在冻结可能的新风机组、空调机组、冷却塔等,当设有防冻设施时,应设防冻保护控制。

首先要做好防冻配置,其次才能做防冻保护控制。对于在冬季有冻结可能的新风机组、空调机组,应防止由某种原因造成热水盘管或其局部水流断流而结冰胀裂盘管的事故发生。通常在机组盘管的背风侧加设感温传感器,感温测头一般为毛细管或其他类型的传感器,当它检测到盘管背风侧的温度低于某一设定值时,与该测头相连的防冻开关发出信号,机组即通过控制程序或电气设备的联动、联锁等方式运行防冻保护程序(如关新风阀、停风机、开大热水阀、启动加热装置等),防止热水盘管冰冻面积进一步扩大。

⑭ 防火与排烟系统的监测与控制应符合现行国家标准 GB 50116—2013《火灾自动报警系统设计规范》的有关规定;兼作防排烟用的空调设备应受消防系统的控制,并且当火灾发生时能切换到消防控制状态;风管上的防火阀宜设置位置信号反馈。

⑮ 电加热器应与送风机联锁,并应设置无风断电、超温断电保护装置;电加热器必须采取接地及剩余电流保护措施。

要求电加热器与送风机联锁是一种保护控制,可避免当系统中无风时电加热器单独工作导致的火灾。为了进一步提高安全可靠性,还要求设无风断电、超温断电保护措施,如用监视风机运行的风压差开关信号及在电加热器后面设超温断电信号与风机启停联锁等方式,来保证电加热器的安全运行。电加热器采取接地及剩余电流保护,可避免因漏电造成触电事故。

⑯ 风机盘管水路控制阀宜为常闭式通断阀,控制阀开启、关闭应分别与风机启动、停止联锁。

风机盘管的自动控制方式主要有两种:带风机三速选择开关、可冬夏转换的室温控制器控制水路两通控制阀的开关,带风机三速选择开关、可冬夏转换的室温控制器控制风机启停。第一种方式能够实现整个水系统的变水量调节;第二种方式利用风机启停对室内温度进行控制,不利于房间的湿度控制和实现变水量节能。因此,水路控制阀的开关应与风机的启停联锁。

⑰ 当冷水机组采用自动方式运行时,各相关设备与冷水机组应进行电气联锁以保护制冷机安全运行。

当制冷机运行时,一定要保证它的蒸发器和冷凝器有足够的水量流过,为达到这一目的,制冷机水系统中其他设备(包括电动水阀、冷水泵、冷却水泵、冷却塔风机等)应先于制冷机开机运行,停机则应按相反顺序进行。通常通过水流开关监测与制冷机联锁的水泵状态,即在确认水流开关接通后才允许制冷机启动。

5.2.5　工况转换控制

全年运行的空调系统的自动控制系统宜按多工况运行方式设计,应具有供冷和供热模式切换功能。

多工况的含义是指在不同的工况下,调节对象和执行机构等的组成是变化的,以适应室内外热湿条件变化大的特点,达到节能的目的。工况的划分也要因系统的组成及处理方式的不同而改变,但总的原则是节能,尽量避免空气处理过程中的冷热抵消,充分利用新风和回风,缩短制冷机、加热器和加湿器的运行时间等,并根据各工况在一年中运行的累计小时数简化设计,以减少投资。多工况运行同常规系统运行的区别在于不仅要进行参数控制,还要进行工况转换控制。多工况的控制、转换可采用就地的逻辑控制系统或集中监控系统等方式实现,当工况少时可采用手动转换方式实现。

当运行多工况控制及转换程序时,交替使用执行机构的极限位置、空气参数的极限信号以及分程控制方式等自动转换方式,可达到实时转换的目的。

供冷和供热模式的水阀开度、风量等随偏差的调节方向不同。例如:在供冷工况下,当房间温度降低时,变风量末端装置的风阀应向关小的位置调节;当房间温度升高时,再向开大的位置调节。在供热工况下,风阀的调节过程则相反。因此,自动控制系统应具有供冷/供热模式切换功能,以保证末端装置的动作方向正确。

当受调节对象纯滞后、时间常数及热湿扰量变化的影响,采用单回路调节不能满足调节参数要求时,空调系统可以采用串级调节。

工况转换自动控制就是根据空调工艺要求的工况转换条件,对各参数和位置信号进行自动监测,并将它们转换为对应状态的开关量信号,在对开关量信号进行逻辑运算后,输出不同工况的控制信号,使控制器按照转入的信号控制对应的执行器。

根据实践经验和节能效果分析可知,工况不宜过于复杂,应尽量简化。对于有三、四个工况的系统,一般采用简单的继电逻辑控制电路来完成分程调节,这是一种简单的工况转换。当使用单回路数字控制器时,可利用仪表的开关量逻辑运算功能实现工况转换,这更为简便、经济。对于较复杂的多工况转换,应采用功能强、可靠性高的 PLC 完成。如果采用工控机进行空调控制,则工况转换自然靠工控机实现。在满足空调工艺要求的前提下,无论采用哪一种方式,都应力求使自动控制系统既简单又可靠。

5.2.6　全空气空调系统的控制

室内温度控制应采用调节送风温度以及送风量的方式。定风量空调系统通过送风温度的调节、变风量空调系统主要通过送风量的调节来控制室内温度。

当采用调节送风温度的方式时,送风温度设定值的修改周期应远大于盘管水路控制阀、电加热器等执行机构的动作周期。送风温度是空调系统中重要的设计参数,应采取必要措施保证它达到目标值,当有条件时进行优化调节。控制室内温度是空调系统需要实现的目标,应根据实测值与目标值的偏差对送风温度设定值不断进行修正。室内温度变化的时间常数大,而在改变盘管水阀开度或电加热器输出后,送风温度变化的时间常数小,这两个时间常数不在一个数量级上,是分钟量级与秒量级的区别,如室内温度降低 1 ℃需要十几分钟,而送风温度降低 1 ℃仅需要几秒钟。控制系统的控制参数要与被控对象的物理特性相匹配,才能实现稳定无振荡的控制。因此,对于变送风温度调节,应采取调节周期长短差别较大的两个控制回路嵌套的串级调节方式。用于改变送风温度的盘管水阀开度等执行机构的状态修改周期应根据送风温度变化的时间常数确定,如 10 s 修改一次。送风温度调节的常用方式有空气冷却器/加热器的水阀调节、电加热器的加热量调节。对于二次回风系统和一次回风系统,也可通过调节新风和回风的比例来控制送风温度。

当采用调节送风量的方式时,风机应变频调速,并宜采用系统静压或风量作为控制参数。变风量采用风机变速是最节能的方式。尽管风机变速的做法使投资有一定的增加,但对于采用变风量空调系统的工程而言,其节能所带来的效益能够较快地实现投资回收。

当需要控制室内湿度时,应按室内湿度要求和热湿负荷情况进行控制,并应采取避免与温度控制相互影响的措施。当空调房间湿负荷变化较小时,用恒定送风温度的方法可以使室内相对湿度稳定在某一范围内,若室内湿负荷稳定,则可达到相当高的控制精度。但对于室内湿负荷或相对湿度变化大的场合,宜采用变送风温度的方式,即用直接装在室内工作区、回风口或总回风管中的湿度传感器来测量房间湿度并调节相应执行调节机构进行加湿或除湿,达到控制室内相对湿度的目的。对湿度的控制和对温度的控制是相互影响的,应采取适当措施,避免相互干扰引起被控参数达不到要求的控制精度。例如,根据室内温度偏差变送风量控制室内温度,根据室内湿度偏差变送风温度或湿度控制室内湿度,并根据送风温度修正送风量、根据送风量修正送风温度或湿度。

过渡期宜采用加大新风比的方式运行。在条件合适的时期应充分利用全空气空调系统的优势,尽可能利用室外自然冷源,最大限度地利用新风降温,提高室内空气品质和人员的舒适度,降低能耗。

5.2.7　新风机组的控制

送风温度应根据新风负担的室内负荷确定,并应在水系统设调节阀。在一般情况下,对于配合风机盘管等空调房间的末端设备使用的新风系统,当新风不负担室内主要冷热负荷时,室内温度主要由风机盘管控制,新风机组控制送风温度恒定即可;当新风负担室内主要或全部冷负荷时,机组送风温度设定值应根据室内温度进行调节。

当新风系统需要加湿时,加湿量应满足室内湿度要求。

对于湿热地区的全新风系统,水路阀宜采用模拟量调节阀。水路阀不应全关,防止未经除湿的新风直接进入室内。

5.3　空调自动控制方案的选择

当选择满足控制功能要求、最适合空调系统的控制算法时,需要进行综合比较。可以采用专家系统、神经网络控制等智能控制算法,利用工控机完成智能控制算法的筛选,实现算法与 PLC 的关联。通过智能控制算法与传统的 PID 控制算法的比较,选出最适合空调系统的控制算法,使空调自动控制系统具有更好的可靠性及稳定性。

　　智能控制算法主要是对专家经验的实现,主要运用知识推理等方法对问题进行解答。因此,怎样获取知识以及在获取知识以后怎样将知识应用到实际是运用智能控制算法的难点之一。另外,智能控制系统是动态系统,应用在实际的工程项目中需要自动更新、扩充知识,达不到现场需求的快速、准确要求。而且用现在的系统稳定性方法是很难对智能控制系统进行分析的。

　　PID 控制需要建立准确的模型,参数一般用凑试法。相对于传统的 PID 控制而言,模糊控制能显现出的最大优势在于不用建立准确的数学模型,模糊控制器的设计平台主要是设计经验参数与控制规则,因此,它最适于解决非线性系统的问题。模糊控制与传统的 PID 控制相比较,系统的超调量减小、响应速度加快,同时还有很高的稳态控制精度,可见模糊控制可以应用在精确控制领域,而且在参数扰动下它仍然能够维持系统的性能,即鲁棒性增强。它的自适应性强,更适合用在实时变化、带有滞时的系统当中。因此,确定采用模糊控制与 PID 控制相结合的控制算法。

5.4　PID 控制

5.4.1　PID 控制原理

　　在实际项目中分别对比例(P)、积分(I)、微分(D)参数进行调整,称为 PID 控制。在大多数工程项目中使用 PID 控制器,因为它具有结构相对简单、稳定性好以及能够快速对参数进行调整、找到适应系统的最佳工作参数等优点。PID 控制的原理是由检测装置检测出系统输出值 $y(t)$,这个输出值与人为设定值 $r(t)$ 产生偏差 $e(t)$,对偏差 $e(t)$ 进行比例、积分、微分计算后,将三者的运算结果线性组合并输出到执行器,执行器驱动完成对被控对象的控制,使系统输出值不断得到修正并最终达到期望的设定值。常见的 PID 控制系统如图 5.2 所示。

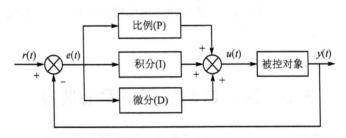

图 5.2　PID 控制系统

　　在线性的控制系统中,PID 控制器的输出 $u(t)$ 与输入 $e(t)$ 成比例、积分、微分的关系为

$$u(t) = K_{\mathrm{p}}\left[e(t) + \frac{1}{T_{\mathrm{i}}}\int_0^t e(t)\mathrm{d}t + T_{\mathrm{d}}\frac{\mathrm{d}e(t)}{\mathrm{d}t}\right]$$

式中：$e(t) = r(t) - y(t)$；K_{p}、T_{i}、T_{d} 分别为比例系数、积分时间常数、微分时间常数。

在运用微型计算机控制系统的过程中，加入一个采样时间将它进行离散化。采样时间必须符合香农采样定理。这时 PID 控制器的输入和输出之间的关系为

$$u(KT) = K_{\mathrm{p}}\left\{e(KT) + \frac{T}{T_{\mathrm{i}}}\sum_{i=0}^{K}e(jT) + \frac{T_{\mathrm{d}}}{T}[e(KT) - e(KT-T)]\right\}$$

式中：T 为采样周期；K 为采样序号；$u(KT)$ 为第 K 次采样输出值；$e(KT)$ 为第 K 次采样的偏差；$e(KT-T)$ 为第 $K-1$ 次采样的偏差。

5.4.2 PID 控制器各环节的作用

1. 比例环节

比例环节成比例地反映控制系统的偏差信号，偏差一旦产生，控制器立即产生控制作用，以减少偏差，但不能消除偏差。增大比例系数可使系统的开环增益得到提高、稳态误差减小、响应速度变快。但比例系数太大会使系统的超调量变大，超调量太大会使系统处于不稳定状态，因此，比例系数不是越大越好。

2. 积分环节

积分环节的作用是累积以前的偏差，消除静差，提高系统的无差度。积分控制作用的强弱取决于积分时间常数 T_{i}，T_{i} 越大，积分控制作用越弱，反之，积分控制作用越强。但 T_{i} 过小会影响系统的稳定性。只要有误差，积分控制就进行，直至无差，积分控制停止，积分环节输出一常值。加入积分控制可使系统稳定性下降、动态响应变慢。积分控制常与另外两种控制作用结合，组成 PI 控制或 PID。

3. 微分环节

微分环节反映偏差信号的变化趋势（变化率），并能在偏差信号变得太大之前，在系统中引入一个有效的早期修正信号，从而加快系统的动作速度，减少调节时间。但微分控制作用过强，系统的稳定性会受到影响，甚至会导致系统产生振荡。微分环节具有预见性，能预见偏差变化的趋势，产生超前的控制作用，使偏差在还没有形成之前已被微分控制作用消除。因此，它可以改善系统的动态性能。在微分时间选择合适的情况下，它可以减少超调量。由于微分控制作用对噪声干扰有放大作用，因此过强的微分控制作用对系统抗干扰不利。此外，当输入没有变化时，微分环节的输出为零。微分控制不能单独使用，需要与另外两种控制作用相结合，组成 PD 控制或 PID 控制。

5.4.3 PID 控制器的参数整定方法

PID 控制器的参数整定是指调节 K_{p}、T_{i}、T_{d} 三个参数。参数整定方法主要有两

类;一是理论计算整定法,分析系统的数学模型并计算确定控制器的各个参数;二是工程整定法,主要依靠工程经验,直接到工程现场调试、确定参数。工程整定法有扩充临界比例度法、响应曲线法和衰减曲线法,现在大多使用扩充临界比例度法。

1. 扩充临界比例度法

扩充临界比例度法主要用在比较简单的工程项目中,用它整定 K_p、T_i、T_d 的具体步骤如下:

选择最短采样周期 T_{min},求出临界比例度 S_u 和临界振荡周期 T_u。实际的做法是把 T_{min} 输入计算机,仅存在比例环节控制,慢慢减小比例度,直到系统出现等幅振荡。此时可以得到临界比例度 S_u、临界振荡周期 T_u。选择控制度为

$$控制度 = \frac{\left[\int_0^\infty e^2(t)\,dt\right]_{数字}}{\left[\int_0^\infty e^2(t)\,dt\right]_{模拟}}$$

当控制度为 1.05 时,模拟控制方式与数字控制方式的结果相同。根据计算,查表 5.1 可求出 K_p、T_i、T_d。

表 5.1 扩充临界比例度法整定参数

控制度	控制规律	参数			
		T	K_p	T_i	T_d
1.05	PI	$0.03T_u$	$0.53S_u$	$0.88T_u$	
	PID	$0.014T_u$	$0.63S_u$	$0.49T_u$	$0.14T_u$
1.2	PI	$0.05T_u$	$0.49S_u$	$0.91T_u$	
	PID	$0.43T_u$	$0.47S_u$	$0.47T_u$	$0.16T_u$
1.5	PI	$0.14T_u$	$0.42S_u$	$0.99T_u$	
	PID	$0.09T_u$	$0.34S_u$	$0.43T_u$	$0.20T_u$
2.0	PI	$0.22T_u$	$0.36S_u$	$1.05T_u$	
	PID	$0.16T_u$	$0.27S_u$	$0.4T_u$	$0.22T_u$

2. 响应曲线法

如果已知系统的动态特征曲线,则可以采用与模拟控制法相同的响应曲线法进行参数整定,其具体做法如下:

在计算机控制器处于断开的情况下,系统恢复手动模式进行工作,在系统达到设定值并保持平衡后,给一个阶跃输入信号并用仪表记录被调参数的变化过程曲线。在曲线的最大斜率处做切线,求得滞后时间 t、对象时间常数 τ 和对象时间常数 τ 与滞后时间 t 的比值 τ/t。根据所求得的 τ、t 和 τ/t 值,查表 5.2 求得 K_p、T_i、T_d。

表 5.2 响应曲线法整定参数

控制度	控制规律	参数			
		T	K_p	T_i	T_d
1.05	PI	0.1t	0.84τ/t	0.34t	
	PID	0.05t	1.15τ/t	2.0t	0.5t
1.2	PI	0.2t	0.78τ/t	3.6t	
	PID	0.15t	1.0τ/t	1.9t	0.55t
1.5	PI	0.50t	0.68τ/t	3.9t	
	PID	0.34t	0.85τ/t	1.62t	0.65t
2.0	PI	0.8t	0.57τ/t	4.2t	
	PID	0.6t	0.6τ/t	1.5t	t

3. 衰减曲线法

衰减曲线法是闭环测试,是依据系统的衰减频率特性来整定 PID 参数的。衰减比有 4∶1 与 10∶1 两种,两种衰减比的整定原理一样,只是经验公式不同。现以 4∶1 的衰减比为例介绍整定方法,将控制器的积分时间常数设置成无限大、微分时间常数设置成 0,只剩纯比例环节控制,调节比例系数直到系统的输出曲线的波峰呈 4∶1 的衰减过程,如图 5.3 所示。此时的衰减系数为 $H_1 ∶ H_2 = 4∶1$,比例系数为 K_s,相邻两波峰之间的时间间隔为 t_s,响应的调节时间为 T_r,将 K_s、t_s 及 T_r 三个参数代入表 5.3 里的经验公式,即可整定出控制器三个参数的值。

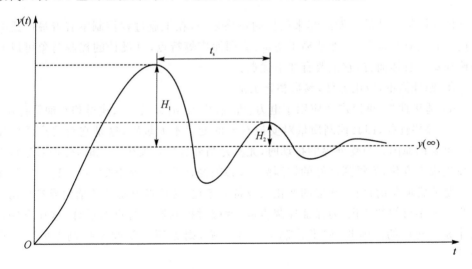

图 5.3 衰减比为 4∶1 的响应曲线

表 5.3　衰减曲线(4∶1)整定公式

控制规律	参　数		
	K_p	T_i	T_d
P	K_s	∞	0
PI	$1.2K_s$	$0.5t_s$ 或 $2T_r$	0
PID	$0.8K_s$	$0.3t_s$ 或 $1.2T_r$	$0.1t_s$ 或 $0.4T_r$

在长期的实践当中,一些经验、方法经总结后更加便于理解、记忆和应用。PID参数整定口诀如下:

> 参数整定找最佳,从小到大顺序查。
> 先是比例后积分,最后再把微分加。
> 曲线振荡很频繁,比例度盘要放大。
> 曲线漂浮绕大弯,比例度盘往小扳。
> 曲线偏离回复慢,积分时间往下降。
> 曲线波动周期长,积分时间再加长。
> 曲线振荡频率快,先把微分降下来。
> 动差大来波动慢,微分时间应加长。
> 理想曲线两个波,前高后低四比一。
> 一看二调多分析,调节质量不会低。

5.4.4　PID控制器的优点

PID控制器是最早发展起来的控制策略之一,在工业过程控制中有着最广泛的应用。它具有结构简单、参数易于整定、应用面广等特点,且设计的控制对象可以有精确模型。总体而言,它主要有如下优点:

① 原理简单,应用方便,参数整定灵活。

② 适用性强,可以广泛应用于电力、机械、化工、冶金、轻工、建材和石油等行业。

③ 鲁棒性强,即其控制质量对受控对象的变化不太敏感,这是它获得广泛应用的最重要的原因。当受外界的扰动时,尤其是当外界负荷发生变化时,受控对象特性会发生很大变化,为得到良好的控制品质,必须经常改变控制器的参数,这在实际操作上是非常麻烦的;由于环境的变化或设备的老化,受控对象模型的结构或参数均会发生一些不可知的变化,为保证控制质量,就应对控制器进行重新设计,这在有些过程中是不允许的。因此,如果控制器鲁棒性强,则无须经常改变控制器的参数或结构。

现在的空调自动控制系统仍然采用 PID 控制方式。当夏季温度升高或冬季温度降低时,通过调节冷水管或热水管上的电动调节阀的开度大小实现温度控制。

采用 PID 控制设计的空调自动控制系统,在没有特殊要求的情况下可以满足需求。但 PID 控制始终存在着一些明显的缺点,比如难以控制超调量,当环境条件不断变化时它的适应能力会下降,不能取得良好的节能效果。因此,当对环境有较高要求时,PID 控制就不能达到人们的期望。而模糊控制可以不用建立精确的数学模型,通过工程师或现场操作人员丰富的经验实现控制。因此,在常规 PID 控制的基础上将参数在模糊规则下实现自适应调整,可以达到更理想的控制和节能效果,从而更好地实现空调系统的自动控制。

5.5　PLC 控制

5.5.1　PLC 的概念

在工业控制领域中,最初用继电器等元器件组成控制系统:首先设计好逻辑关系,然后将继电器、接触器等按照逻辑关系组合到一起。这样的控制系统结构简单、价格便宜,曾得到广泛的应用。但该类控制系统需耗费大量的人力物力,且能耗高、噪声大、元器件使用寿命短、故障率高,工作人员查找故障点困难,这使系统改造的工作量非常大。

20 世纪 60 年代,美国研制出世界上第一台可编程逻辑控制器(Programmable Logic Controller,PLC)。1987 年,国际电工委员会(IEC)对 PLC 定义为:一种进行数字运算操作的电子装置,专为在工业环境下应用而设计。PLC 采用可编程的存储器,用来在其内部存储执行逻辑运算、顺序控制、定时、计数和算术运算等操作的指令,并通过数字式或模拟式的输入和输出控制各种类型的机械或生产过程。早期的 PLC 主要用于替代继电器、接触器的顺序控制。

随着电子技术、计算机技术的迅速发展,PLC 的功能已远远超出了顺序控制的范围。为区别于个人计算机(Personal Computer,PC),可编程控制器(Programmable Controller,PC)沿用 PLC 这个缩写。

迄今,PLC 的功能越来越多,控制范围越来越大、应用领域越来越广,尤其是在网络化、智能化等方面,其结构、功能都已超越原有定义,称谓上又有可编程计算机控制器(Programmable Computer Controller,PLC)、直接数字控制器(Direct Digit Controller,DDC)等。就控制功能而言,它们之间的区别不大。

5.5.2　PLC 的特点

1. 使用方便、编程简单

与传统的继电器控制系统相比,PLC 体积小,组装简单方便,完成的主要工作是根据系统的工作原理或工艺编写程序。PLC 的编程语言主要采用梯形图、逻辑图以及语句表,它们之间能够互相转换,熟悉继电器控制系统的工程人员能够很快学会。PLC 程序可以在线修改,若现场出现问题,则不用再仔细查找哪个元器件或电路没有接好,不需要对硬件进行拆解,检查起来方便。

2.功能强、性价比高

PLC 内有成百上千个编程元件,对元件进行不同的组合设计就可以实现复杂的控制功能。PLC 的通信协议有多种,并能实现集中管理。与相同控制功能的传统继电器控制系统相比,PLC 的性价比更高。

3.硬件配套设施齐全、适用性强

PLC 的应用分硬件部分与软件部分,硬件部分已经标准化、模块化,用户可以根据实际工程所需选择不同型号的 PLC 及各种硬件装置,构成不同规模的控制系统。用户可根据接线端子连接外部电路对 PLC 进行安装、接线。在硬件配置确定后,软件部分的设计主要是根据系统工艺、工作原理完成程序的编写,并通过协议接口下载到 PLC 中。

4.可靠性高、抗干扰能力强

PLC 应用软件编程实现了继电器控制系统中的中间继电器与时间继电器的作用,硬件接线简单清晰。针对工业现场环境的不同,PLC 采用一系列的抗干扰措施,具有非常强的抗干扰能力。

5.系统的设计、安装、调试工作量少

PLC 用软件功能取代了继电器控制系统中大量的中间继电器、时间继电器等器件,使系统的设计、安装工作量大大减少。在用 PLC 的软件编写完程序以后,可以通过软件的编译功能检查程序是否有错。若程序无错则可以模拟调试,PLC 上的发光二极管可以提示输出信号的状态。在现场的调试过程中,PLC 的在线修改程序功能更是大大减少了系统的调试时间。

6.维修工作量小、维修方便

PLC 抗干扰措施的设计大大减少了故障的发生,并且它具有自诊断功能,可以通过发光二极管的不同状态迅速查找到故障原因。

5.5.3 PLC 的功能

1.开关量逻辑控制

PLC 具有"与""或""非"等逻辑运算的能力,可以实现逻辑运算,用触点和电路的串、并联代替继电器进行组合逻辑控制、定时控制与顺序逻辑控制。

2. 运动控制

PLC 使用专用的运动控制模块或灵活运用指令,使运动控制与顺序控制功能有机地结合在一起。

3. 模拟量过程控制

PLC 可以接收温度、压力、流量等连续变化的模拟量,通过模拟量输入输出(I/O)模块,实现模拟量和数字量之间的模数(A/D)转换与数模(D/A)转换,并对被控模拟量实行闭环 PID 控制。

4. 数据处理

PLC 具有数学运算、数据传送、转换、排序和查表、位操作等功能,可以完成数据的采集、分析和处理。

5. 构建网络控制

PLC 的通信包括主机与远程 I/O 之间的通信、多台 PLC 之间的通信、PLC 和其他智能控制设备(如计算机、变频器)之间的通信。PLC 与其他智能控制设备一起可以组成“集中管理、分散控制”的分布式控制系统。

5.5.4 PLC 的基本结构

PLC 是以中央处理器为核心的工业专用计算机系统,其基本结构如图 5.4 所示。

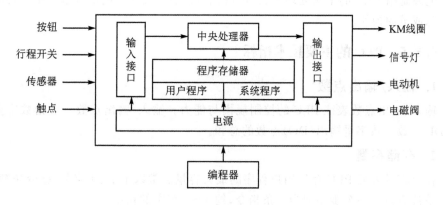

图 5.4 PLC 的基本结构

PLC 包括中央处理器、程序存储器、输入/输出接口、电源和外接编程器等部分。

1. 中央处理器(CPU)

中央处理器(CPU)利用控制总线、地址总线、数据总线连接存储器、输入/输出接口等控制整个结构单元,是整个结构的核心部分。它完成的主要工作:

① 诊断 PLC 工作状态。

② 按照 PLC 系统程序接收并存储从编程器输入的用户程序和数据,对各种外部设备进行响应。

③ 用扫描的方式采集工作数据并送到输入映像寄存器中。

④ 当 PLC 处于 RUN(运行)状态时,中央处理器按照用户编程指令逐条完成运算与操作,将运算结果存储在相应的寄存器中,同时更新输出映像寄存器中的内容。

2. 程序存储器

系统程序、用户程序、变量值等都存储在程序存储器中。程序存储器分为只读存储器(ROM 或 PROM)和随机存储器(RAM)。只读存储器内存储的是系统程序(包括系统管理程序、监控程序等),这是由生产厂家完成的,用户不能修改。随机存储器中存储的是用户根据工程项目的生产过程及工艺编写的程序,即用户程序。除此之外,随机存储器还可以存储工作数据。用户程序可以由用户进行修改。

3. 输入/输出接口

输入/输出(I/O)接口连接各种输入、输出设备。输入设备(如限位开关、按钮等)连接 PLC 的输入接口,设备信号通过输入接口转换成数字信号输入到 PLC 的中央处理器中。用户程序的逻辑运算结果经输出接口输出到与 PLC 连接的输出设备,作用于外部执行元件,从而控制被控对象。

4. 电 源

电源是指 PLC 的中央处理器、存储器、输入/输出接口等内部电路工作需要的直流电源或电源模块。

5.5.5 PLC 的主要技术指标

1. 输入/输出点数

输入/输出点数表征 PLC 的控制规模与能力。输入/输出点数一般指数字量输入(DI)点数与数字量输出(DO)点数的总和。

2. 存储容量

存储容量表征 PLC 存储用户程序的最大容量。常以千字、千字节、指令条数、步序为单位表示。一个步序即为一条指令,约 1~5 个字的长度。

3. 扫描周期

扫描周期表征 PLC 运算速度的快慢。一般以 1~10 ms/千字或执行千条指令的时间给出一个粗略指标,厂家公认的时间是 100~200 ms,并设计有监控程序及硬件看门狗定时器(WDT)进行自动跟踪监视。

4. 编程语言及指令功能

编程语言及指令功能表征 PLC 的能力强弱。编程语言的多少表征 PLC 适用性的强弱,指令功能的高低表征 PLC 数据处理与控制能力的强弱。

5. 存储器的数量与功能

存储器的数量与功能表征 PLC 的适用范围。

6. 电源种类及输入/输出方式

用户可根据需求自选电源种类及输入/输出方式。

7. 兼容性与可扩展性

兼容性与可扩展性表征 PLC 的兼容及联网能力。

兼容性指同一系列产品(更新换代、改版)向下兼容、扩充的能力。

可扩展性指本机的联网能力:

I/O Link	PLC + I/O 扩展	I/O 链接
PLC Link	PLC + PLC+…+PLC	同位链接
Host Link	PC、PLC + 下位 PLC	上位链接

8. 智能单元

智能单元表征 PLC 的调节控制能力,指可接入模拟量或智能化模块的数量与种类。

5.5.6 PLC 的工作原理

PLC 采用循环扫描的工作方式,其工作过程分为 5 个阶段:内部处理和与编程器的通信处理、输入扫描、用户程序执行、输出处理。

1. 内部处理

在这一阶段,中央处理器检测主机硬件,同时也检查所有输入/输出模块的状态。

2. 通信处理

在中央处理器扫描周期的通信处理阶段,中央处理器自动检测并处理各通信端口接收到的任何信息。

3. 输入扫描

在这一阶段,对各数字量输入点的当前状态进行输入扫描,并将各扫描结果分别写入对应的映像寄存器中。

4. 用户程序执行

在这一阶段,中央处理器从第一条指令开始顺序读取指令并执行,直到最后一条指令结束。执行指令是指从映像寄存器中读取各输入点的状态,对各数据进行自述或逻辑运算,将运算结果送到输出映像寄存器中。

5. 输出处理

在这一阶段,中央处理器用输出映像寄存器中的数据几乎同时集中对输出点进行刷新,通过输出部件转换成被控设备所能接收的电压或电流信号,以驱动被控设备。

5.5.7　PLC 的硬件选型

本小节以在中国 PLC 市场占有率较高的西门子 S7-200 PLC 作为研究对象,对其硬件选型情况进行详细介绍。

1. S7 系列 PLC 概述

SIMATIC S7 系列 PLC 是德国西门子公司生产的具有高性能、高性价比的 PLC。

S7 系列 PLC 有 S7-200、S7-300、S7-400 共 3 个主流型号:

① S7-200 PLC:整体式微小型 PLC,有 CPU221/222/224/226/226XM 共 5 种不同的基本型号的 8 种中央处理器供选用;可扩展多种模块,无槽位限制,最多可接入 DI/DO248 点或模拟量输入/模拟量输出(AI/AO)36 点。

② S7-300 PLC:模块化的中小型 PLC,能满足中等性能要求的应用;采用紧凑的、无槽位限制的模板结构,有 300/300C 两大类 CPU312/312C/313C/314/314C/315 等 10 多个产品;最多可安装 32 个模块,可以使用消息传递接口(MPI)、PROFIBUS 或工业以太网联网。

③ S7-400 PLC:模块化设计的用于中、高档性能范围的 PLC,可满足最复杂的任务要求;有 H/F/FH 3 个产品,最多可有 32 个 MPI 节点、32×32 个站点的同时连接;它所具有的模板的扩展和配置功能使它能够按照不同的需求灵活组合,可通过 MPI、PROFIBUS 或工业以太网进行联网。

2. S7-200 PLC 简介

S7-200 PLC 第二代产品的中央处理器模块为 CPU22X,是在 21 世纪初进入市场的,运行速度快,具有较强的通信能力。它具有 4 种不同结构配置的中央处理器单元:CPU221、CPU222、CPU224 和 CPU226,除 CPU221 外,其他中央处理器都可加扩展模块。

S7-200 PLC 由主机(基本单元)、输入/输出扩展单元、功能单元(模块)和外部设备(文本/图形显示器、编程器)等组成。它将中央处理器、集成电源、输入电路和输出电路集成在一个紧凑的外壳中,不仅具有 PLC 各种基本的控制功能,还具备以下优势:

1）功能丰富的指令集

指令内容包括时钟指令、位逻辑指令、复杂数学运算指令、定时器、字符串指令、PID 指令、计数器、和智能模块配合的专用指令以及通信指令等。

2）丰富强大的通信功能

S7－200 PLC 提供不同的通信方式以满足各种应用需求，简单的如 S7－200 PLC 之间的通信，复杂的如 S7－200 PLC 通过以太网通信。

3）使用便捷的编程软件

Step 7-Micro/WIN 编程软件为各种不同需求的用户提供了编辑、监控和开发的友好编程环境。

3. S7－200 PLC 的硬件选型

(1) PLC 硬件选型依据

① 系统的输入/输出点数和类型。要注意中央处理器的 5 V 直流电源的带载能力，它是主要用于扩展模块与扩展模块之间传输数据的内部通信电源。

② 系统的复杂程度。

③ 系统对通信的要求。

④ 环境要求。

⑤ 功能要求。

⑥ 其他要求。

根据以上选型依据及系统数字量/模拟量的输入/输出点，选择 CPU226 作为 S7－200 PLC 的核心。其中，系统的数字量输入点包括远程开关、机组开关控制信号等；数字量输出点包括主接触器、总故障触点、机组运行信号等；模拟量输入点包括压缩机组的吸气压强、油压、蒸发器的进出水温度、冷凝器的进出水温度传感器信号等；模拟量输出点包括冷却水流量调节阀的控制信号。

综合以上条件及 CPU226 自带的输入/输出点数（24 个输入点，16 个输出点），还要选用带有 8 个数字量输出点的扩展模块 EM222，2 个带有 4 个模拟量输入点的 EM231 模块，带有 4 个模拟量输入点、1 个模拟量输出点的 EM235 模块，以及 PLC 与触摸屏的通信模块 EM277。

(2) CPU226 的主要性能

① ROM 区（掉电保存，程序不会丢失）在运行模式下可有 16 384 B 的存储容量，不在运行模式下有 24 576 B 的存储容量。在 RAM 区中有 10 240 B 的存储容量，主要用于存储数据。

② 依靠中央处理器内部的电容，它的掉电保护时间可以达到 100 h。

③ CPU226 带有 24 个输入、16 个输出点，可以扩展 7 个模块。本身内置实时时钟，带有两个 RS－485 通信接口。

④ 含有 6 路 30 kHz 的单相高速计数器和 4 路 20 kHz 的两相高速计数器,以及 2 路 20 kHz 的脉冲输出。

系统具体的输入/输出点分配与相应的模块型号如表 5.4 所列。

表 5.4　系统具体的输入/输出点分配与相应的模块型号

信号类型	具体内容	数　量	模块型号
DI	压缩机开关及各类按钮控制信号	21 点	CPU226
DO	1#、2#增载减载信号	4 点	CPU226
	1#、2#供油、回油信号	4 点	
	冷冻泵、冷却泵、冷却塔信号	3 点	
	主供液信号	1 点	
	主接触器、总故障触点、机组运行信号	8 点	EM222
AI	吸气、排气压力传感器信号,1#、2#油压传感器信号	4 路	EM231
	1#、2#排温信号,蒸发器出水温度、冷凝器进水温度传感器信号	4 路	
	1#、2#能量位信号,蒸发器进水温度、冷凝器出水温度传感器信号	4 路	EM235
AO	冷却水流量调节阀控制信号	1 路	

5.5.8　PLC 控制系统的设计流程

采用以 PLC 为核心、触摸屏为监控系统,以各类传感器对空调系统的温度、湿度、压强等的采样信号作为控制的反馈,在算法上选择模糊 PID 控制的自动控制系统,可达到良好的控制效果。PLC 控制系统的设计流程如图 5.5 所示。

PLC 控制系统主要的控制对象包括冷冻水调节阀(温度)、湿度调节阀、电加热器(温度)等。它能够实现对整个空调系统的温度、湿度、压差、送风机风速、油压、压缩机组能量等现场信号的采集,并能够按照所设计的控制方式控制加湿器、表面式空气冷却器等的开度,使空气达到所要求的状态。PLC 控制系统的结构如图 5.6 所示。

PLC 控制系统由现场硬件组态、各硬件之间的通信网络及监控系统组成。当系统运行时,将安装在进出水口的温度传感器检测的进出水温度信号进行模数转换后传送到 PLC,在 PLC 中将信号与预先设定值进行对比,对所得的偏差进行模糊 PID 运算,根据信号的改变调整循环水泵的转速。同理,可以调节风机转速,从而控制风量的大小。通过触摸屏可以实时监控系统的工作状态,从而可以实现对空调系统的精确控制。

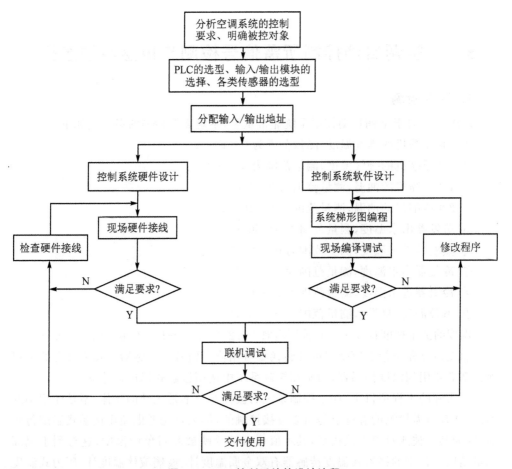

图 5.5 PLC 控制系统的设计流程

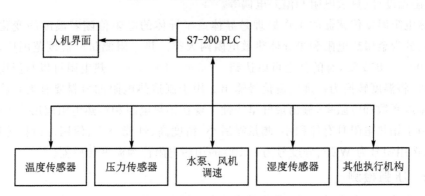

图 5.6 PLC 控制系统的结构

5.6　空调自动控制所需信号检测与传感器的选择

1. 温度检测

温度检测对于空调自动控制系统非常重要,系统需要检测的温度点如下:

① 1♯压缩机的排气温度,测量范围为 0～100 ℃。

② 2♯压缩机的排气温度,测量范围为 0～100 ℃。

③ 1♯压缩机的油温,测量范围为 0～100 ℃。

④ 2♯压缩机的油温,测量范围为 0～100 ℃。

⑤ 蒸发器出水温度,测量范围为 0～50 ℃。

⑥ 蒸发器进水温度,测量范围为 0～50 ℃。

⑦ 冷凝器出水温度,测量范围为 0～50 ℃。

⑧ 冷凝器进水温度,测量范围为 0～50 ℃。

⑨ 室外温度(夏季),测量范围为 0～50 ℃。

温度的测量精度在 0～50 ℃ 范围内取±0.2 ℃,在 0～100 ℃ 范围内取±0.5 ℃。

温度传感器是指能感受温度并转换成可用输出信号的传感器。几乎所有的工程项目都需要用到温度传感器,通常在控制系统中选用接触式温度传感器。

在实际的工程项目中,如果控制系统的被控对象不是运动的物体、不是体积小的物体,并且所需检测的温度点是可以直接接触的,那么首先考虑使用接触式温度传感器,因为其与被测对象直接接触,其示值可直接反映被测对象的温度,这有利于提高测量精度。常用的接触式温度传感器有双金属温度计、玻璃液体温度计、压力式温度计、电阻温度计、热敏电阻和温差电偶等。

热电阻温度传感器的工作原理是导体或半导体的电阻值随着温度的变化而变化。它分为金属热电阻和半导体热敏电阻两大类。热电阻测量的温度范围广,一般为 −200～+850 ℃,有的甚至可以达到 −1 000～1 000 ℃。热电阻可以与温度变送器连接,将温度转换为标准电流信号输出。用于制造热电阻的材料要有大且稳定的电阻温度系数和电阻率,输出最好呈线性。现在铂热电阻和铜热电阻应用范围最广。

由于铂热电阻具有体积小、测量滞后小、精度高、性能可靠、使用寿命长等特点。因此,选用型号为 WZP、分度号为 Pt100 的铂热电阻作为温度传感器。

2. 压强检测

压强检测是非常重要的,它关系到整个空调系统的安全,因此,当每年停机时,需要把压力传感器拆卸下来送到当地的检验部门进行校验。系统需要测量的压强点有:

① 压缩机的吸气压强,测量范围为 0～1 MPa。

② 压缩机的排气压强,测量范围为 0～2 MPa。

③ 1♯油压,测量范围为 0～2 MPa。

④ 2♯油压,测量范围为 0～2 MPa。

⑤ 冷冻水的进水压强,测量范围为 0～1 MPa。

⑥ 冷冻水的出水压强,测量范围为 0～1 MPa。

⑦ 冷却水的进水压强,测量范围为 0～1 MPa。

⑧ 冷却水的出水压强,测量范围为 0～1 MPa。

压强的测量精度在 0～1 MPa 范围内取 ±0.02 MPa,在 0～2 MPa 范围内取 ±0.04 MPa。

由于传感器距离测量电路较远,因此采用电流(4～20 mA)输出的压力传感器。它的转换过程为压强变化→感压材料的电阻变化→转换成电流输出,这样可以减少传输线路长对信号的影响。

3. 湿度检测

在空调自动控制系统中,对湿度检测的要求相对较低,因此可以选用简单的湿敏电阻式传感器进行湿度检测。

5.7 空调自动控制系统工程设计

空调自动控制系统主要涉及对新风处理系统、组合式空调系统、冷热源保障系统等的控制。尽管工艺流程要求会有不同,但空调系统涉及的主要设备都是风阀、水阀、空气过滤器、风机、电加热器、蒸汽加热器、电加湿器、蒸汽加湿器、转轮除湿机组、压缩制冷机、冷冻站、温湿度传感器、压力传感器、压差传感器、风速传感器和温度传感器等。空调系统具有降温、除湿、加热、增湿、洁净等功能。根据使用需求不同,空调系统可采用直流送风方式或循环送风方式。根据温湿度、洁净度以及环境保障要求,在空调系统中一般顺序设置具有过滤、加热、除湿、制冷、加湿功能的设备,空调自动控制系统在此基础上,根据工艺要求完成控制功能。

设计的空调自动控制系统应符合下列要求:

① 应根据保障对象的功能与标准、系统类型、设备运行时间以及工艺要求等因素,经技术经济比较确定控制策略。

② 应具有自动调节与控制、工况转换、设备联锁、自动保护与报警、能量计量以及中央监控与管理等功能。

③ 应能进行自动与手动、近控与远控切换,并便于调试与维修。

④ 宜设集中监控和就地控制,就地控制系统宜安装在机组或设备附近。

⑤ 应能根据温度、湿度基准,将温度、湿度控制在精度要求范围内。

⑥ 应能根据控制参数要求通过预定程序自动进行控制,系统启停应遵循一定的

顺序约束。

⑦ 应设置操作权限、访问控制等安全机制。

⑧ 应对工艺流程及主控制参数(如温度、湿度、阀门开度、转速等模拟量信号,电机、风机、开关、限位等数字量信号)进行显示,应有参数超限报警、事故报警及记录功能。

⑨ 应可与电加湿器、转轮除湿机等其他自带控制装置的设备通过通信接口或电气接口进行数据交互。

5.7.1 空调自动控制系统的设计原则与实现

1. 空调自动控制系统的设计原则

下面以全功能组合式空调系统为例,以工艺流程和工艺设备为出发点,分析、研究空调自动控制系统的设计原则。

(1)空调自动控制系统要根据工艺要求进行设计

空调自动控制系统的设计一定要结合工艺过程和工艺要求,设计人员只有在对工艺有较深的理解之后才能设计出合理、实用的空调自动控制系统。

在实际的工程设计中,有的工艺人员提供的测控条件比较完备、清楚,有的工艺人员提供的测控条件比较粗泛。对于有一定工程设计经验的设计人员来说,根据工艺流程图就能分析出所有的测控点以及要求。比如,对于一套机组来说,其起始处是送风阀,若在北方地区则会设防冻开关,初效空气过滤器要有压差保护,在电加热后会设过热保护,电加湿需要对电加湿器和蒸汽阀进行控制,风机也要设压差保护,在机组进风处和送风口要设温湿度传感器,中效、高效空气过滤器也要有压差保护,等等。只有确定了测控对象,设计才会贴合实际系统。空调系统测控点示意图如图 5.7 所示。

(2)空调自动控制系统要强调工艺设备必要的联锁互锁关系

为了保证空调系统设备运行的安全,在空调自动控制系统设计过程中需要将一些必要的联锁互锁关系设计进去,有效地保护系统设备,避免误操作造成的损失。例如,电加热器必须和风机联锁,在风机运行后才可以启动电加热器,在电加热器停止一定时间后再关闭风机;电加热器要和过热保护装置、防冻开关联锁,当防冻开关报警时,应启动部分电加热器以防止低温对机组设备的损坏,当电加热器温度过高时,过热保护装置报警,从而切断电加热器;电加湿器、蒸汽加湿器应和风机联锁,只有在风机启动后才可进行加湿工作;防火阀应与风机联锁,当防火阀报警时要切断风机。

(3)空调自动控制系统要兼具安全可靠性和操控的灵活互备性

重要的控制参数可以通过二次仪表显示,也可以通过触摸屏、上位机之类的人机界面进行显示和设置。风机、阀门、电加热器等关键设备可采用手动、自动控制互备的方式,这既可提高系统的安全控制能力,使控制方式多样互备,又可满足检修、测试对单体设备的操控要求。

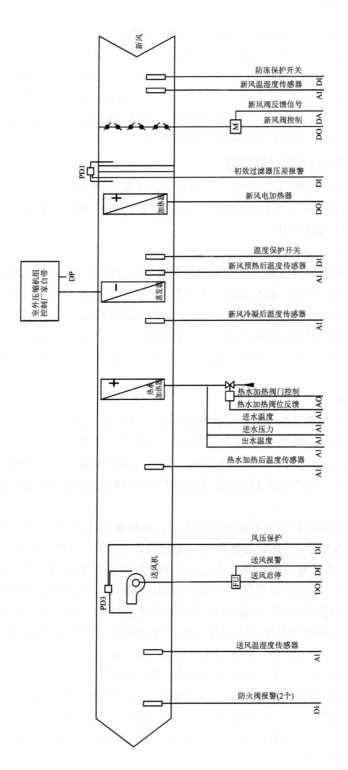

图5.7 空调系统测控点示意图

新风

防冻保护开关 DI
新风温湿度传感器 AI DI

新风阀反馈信号
新风阀控制 DO DA

初效过滤器压差报警 DI
PD1

新风电加热器 DO

温度保护开关 DI
新风预热后温度传感器 AI

室外压缩机组控制厂家自带 DP
新风冷凝后温度传感器 AI

热水加热阀门控制 AI
热水加热阀位反馈 AI
进水温度 AI
进水压力 AI
出水温度 AI

热水加热后温度传感器 AI

风压保护 DI
送风报警 DI
送风启停 DO DI
PD3
送风机

送风温湿度传感器 AI

防火阀报警(2个) DI

117

（4）空调自动控制系统需注重通过设计和施工避免系统干扰

在空调自动控制系统中涉及的模拟量测控点比较多，温湿度、压力、流速等都是模拟量信号，风阀、水阀的控制和回讯信号也多是模拟量，模拟量信号容易被干扰，在设计选型过程中要予以考虑。在施工过程中也要注意遵循控制信号电缆与动力电缆的敷设原则，避免干扰。变频器等对电网和其他控制设备干扰较大的设备在安装、走线布置上应遵循规范，选用屏蔽电缆，并注意接地处理。

2. 空调自动控制系统的实现

空调自动控制系统的设计实现，要在研究空调系统工艺过程和工艺设备工作机理的基础上，才能做到贴合实际使用需求。下面以空调系统功能实现为主线，根据工艺设备逐项研讨控制的实现。

（1）过滤监控

一般的空调系统都会在机组进口处设置初效空气过滤器，通过阻隔、吸附起到过滤空气中悬浮颗粒的作用。根据系统要求不同，还会选择性地在机组后端设置中效和高效空气过滤器，以达到不同的洁净度要求。对于洁净过滤来说，需要自动控制系统测控压差传感器，当压差达到设定的监测警戒值时，压差传感器输出一个触点信号，空调自动控制系统在接收到这个信号后提示空气过滤器已达到更换或清洗的要求。

（2）升温监控

空调系统的升温方式有两种：一种是电加热，一种是蒸汽加热。

电加热通过电热丝通电生热达到升温目的。根据不同的季节以及产品环境要求，电加热系统有时会分为电预热和电再热。如果通过预热达到一定的温升能够满足系统的要求，就不启用电再热；如果通过预热达不到要求的温升，则还会启用电再热。

电加热一般要分档以达到不同的控制要求。分档要注意两点：一是要分出层次，以达到不同的测控要求；二是要注意档位分配的合理性。中、高档一般直接投切，低档用于微调，微调档可采用固态继电器进行控制。固态继电器有支持频繁通断的特性，适于微调控制。当系统温度低于目标值时，固态继电器接通微调电热丝进行加热；当系统温度达到目标值时，固态继电器切断微调电热丝。此控制方式简洁，易于达到测控目标。电热丝和其他单体设备一样有行业约定的档值，而且在连接过程中大多采用三角形连接方式，档位的分配要参照这些原则确定。

对于有热力站的厂区，可以直接利用热力系统的蒸汽经过机组内设的盘管对系统进行加热，自动控制系统通过控制蒸汽管路进入机组的阀门开度来实现蒸汽加热的控制目标。蒸汽阀一般选用 AC24 V 供电、模拟量给定和模拟量反馈的水阀。为保证系统控制的灵活性，控制柜设手操器，通过手/自动切换实现控制功能。水阀手/自动控制设计如图 5.8 所示。

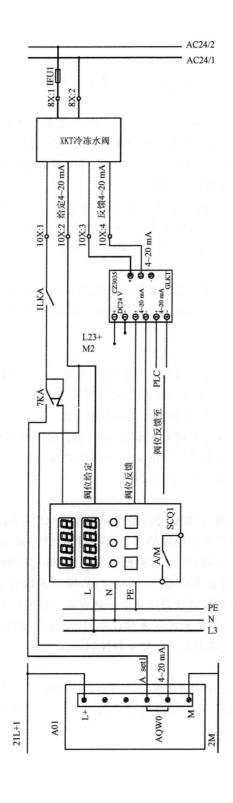

图5.8 水阀手/自动控制设计

（3）降温除湿监控

在温度降低的过程中水分会凝结，因此，降温除湿是一个综合过程。降温除湿方式有冷冻水表面凝结方式、压缩机组直接蒸发方式，纯粹的除湿方式还有转轮除湿机除湿方式。

对于有冷冻站提供冷源的厂区，利用 7～11 ℃的冷冻水流过机组内盘管既能降温又能除湿，自动控制系统通过控制冷冻水的水阀开度来实现降温除湿。一般选用AC24 V供电、模拟量给定和模拟量反馈的水阀。为保证系统控制的灵活性，控制柜设手操器，通过手/自动切换实现控制功能。

对于没有冷冻站的厂区，就需要配备压缩机组，通过氟利昂汽液转换吸热来实现降温除湿。压缩机组有一套独立的控制系统，涉及压缩机的启停、过热保护、氟高低压保护、风机联锁及保护等。对于组合式机组内部压缩机组直接蒸发方式降温除湿的控制只限于压缩机的启停。

转轮除湿机除湿方式通过转轮吸附水分的作用达到除湿目的，转轮在吸湿后需要热风对它进行再生，因此，转轮除湿机的控制涉及转轮的驱动、电加热器和风机的启停，以及它们之间的联锁。

（4）加湿监控

空调系统的加湿方式主要有蒸汽加湿和电加湿两种。对于有热力站的厂区，将热力站的蒸汽送入机组，通过控制蒸汽阀开度大小调节进入机组的蒸汽量来实现湿度控制。蒸汽阀和水阀属于一类，其控制方式可参照水阀。

没有热力站蒸汽源的厂区可采用电加湿的方式，通过电加热器将水加热成蒸汽，再通过控制蒸汽阀开度实现控制目标。电加湿也有控制及保护要求，但无非是电热丝的投切、蒸汽阀的控制，以及温度、水流保护。

（5）风机监控

风机是空调系统的动力源，根据保障环境以及测控目标的不同，风机配备的功率差异较大。随着控制精度以及节能要求的提高，变频控制已经成为风机的主流控制模式。一套机组里至少有一台风机，也有根据送风方式不同分别配备送风机、排风机、回风机的模式。如果控制要求简单，风机功率小，则可采取直接启动控制方式。功率大的风机则采用软启动器控制或降压启动控制方式。对于控制精度有要求的场合，风机采用变频控制模式。风机的控制要设计手/自动切换控制方式，便于控制方式的互备以及满足检修、调试的需求。风机变频控制设计如图5.9所示。

（6）风阀监控

风阀分为排风阀、送风阀、回风阀，通过风阀的开闭可确定风的运行方向。根据使用习惯，风阀执行器可选择带电位器开度反馈的 AC220 V 浮点控制型，根据开度反馈控制风阀电机的正反转运行。

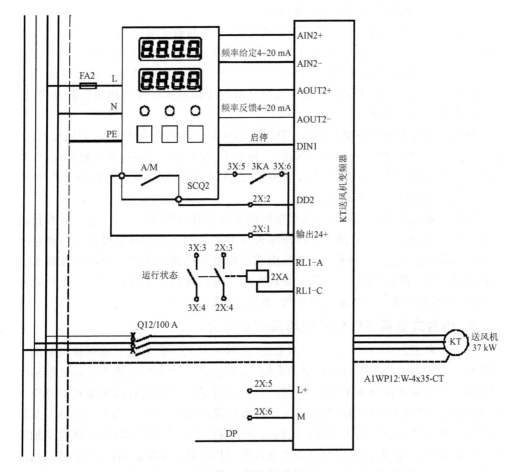

图 5.9 风机变频控制设计

5.7.2 提高空调系统效益的控制分析

1. 不同地域的空调系统的设计特点

地理位置、自然环境特点不同,环境保障的侧重点不尽相同,空调系统调温、调湿的功能配置也不尽相同。

(1) 北方中温带区域设计特点

我国北方大部分地区属于温带大陆性季风气候,冬季寒冷干燥,温差较大,冬夏长、春秋短,夏无酷暑,降水较少。针对这类气候特征,空调系统在冬季的主要作用是升温、加湿,在夏季的主要作用是降温、除湿。空调系统的升温功能主要通过电加热和蒸汽加热两种方式实现,在冬季采用蒸汽加热与电辅热相结合的方式,在过渡季以电加热方式为主。加湿则采用电加湿或蒸汽加湿方式。降温除湿主要采用制冷压缩机直接蒸发与冷冻站冷冻水相结合的方式,一些系统配备转轮除湿机进行除湿。

（2）南方亚热带高原季风气候区域设计特点

我国南方大部分地区属于亚热带季风气候,夏季高温多雨,冬季低温少雨。针对这类气候特征,空调系统在冬季的主要作用是升温、加湿,在夏季的主要作用则是降温、除湿。由于在冬季南方未配置供暖系统,因此空调系统的升温只采用电加热方式。降温除湿则主要采用制冷压缩机风冷冷凝与冷冻站水冷冷凝相结合的方式,转轮除湿机得到广泛应用。

海南属热带季风岛屿型气候,日照时间长,受东北和西南季风影响,常风较大,热带风暴和台风频繁,四季均为夏季气候,一年分干、湿两季。针对这类气候特征,空调系统的主要作用是除湿,应采用制冷压缩机、冷冻站、转轮除湿机相结合的方式,且加热可作为降温除湿的温度补偿措施。

虽然不同地域的空调系统功能实现的侧重点各有区别,但其相同之处是都使用了制冷压缩机,采用了电加热。制冷压缩机作为主要的降温和除湿设备在空调系统中不可或缺,电加热是空调系统实现升温或温度补偿的重要手段。制冷压缩机和电加热器是空调系统的"能耗大户",而现代空调系统设计已经不仅局限于满足功能使用要求,而且要科学地实现系统的环保、节能、高效。

2. 组合式空调系统的节能环保控制分析

以一个典型的全功能组合式空调系统(见图 5.10)为例,对其节能环保控制的实现进行分析。对于传统的组合式空调系统,通常会把制冷压缩机的冷凝器装配到空调机组附近的室外屋顶或平台上,全部冷凝热通过轴流式风机直接疏散到室外空气中,制冷压缩机组主要利用其蒸发器实现降温除湿,除湿产生的温降在有些季节又需要通过电加热来补偿。机组运行产生的大量冷凝热不仅直接排出,而且这需要轴流式风机耗能去实现,而机组内部又需要通过电加热去补偿温降。因此,从节能的角度考虑,空调自动控制系统应该有更优化的解决方案。

从热泵式双向式空调系统的工作原理上获取设计思路,把部分冷凝器装配到机组功能段,让冷凝热作为热源参与空调系统的功能实现。具体机组需要的冷凝热要通过计算由制冷剂三通比例调节阀调节实现。计算公式如下:

$$Q = q_m c_p \Delta T =$$

$$1.2 \ \text{kg/m}^3 \times \frac{q}{3\ 600} \times 1.01 \times 1\ 000 \ \text{J(kg} \cdot \text{K)} \times \Delta T =$$

$$0.337 \times q \times \Delta T$$

式中:Q 为发热量,单位为 W;q_m 为质量流量,单位为 kg/s;c_p 为比定压热容,单位为 J/(kg·K);q 为风量,单位为 m^3/h;ΔT 为温差,单位为 K。

确定设计思路后,在工程设计实现中还需要解决冷媒分流问题。对于冷媒 R407 而言,选用制冷剂三通比例调节阀是可以实现分流的。但出于环保的考虑,可考虑采用环保型冷媒 R410A 替代冷媒 R407。由于冷媒成分特性的差异,没有适合冷媒 R410A 的耐高压三通比例调节阀可以选用,因此如何实现管路内高压气体的分流是

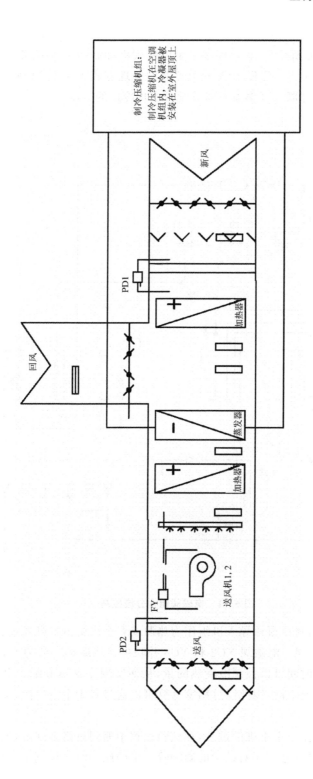

图5.10 典型的全功能组合式空调系统

关键所在。

经查阅资料和分析研究,提出使用多个电磁阀串并联经多条管路分配实现高压气体分流的解决方案。冷媒 R410A 分流控制的实现方式如图 5.11 所示,通过电磁阀 YC1~YC3 的串并联并经多条管路分配可实现冷媒的分流。

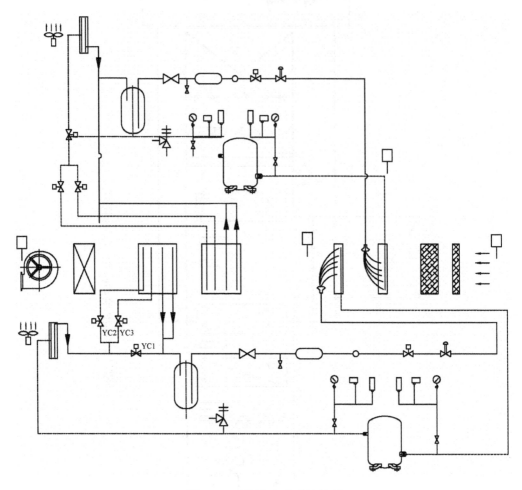

图 5.11　电磁阀组合分流控制

根据使用工况,将冷凝热导入机组作为热源或者全部交由冷凝风扇直接排放,由电磁阀 YC1 控制实现。电磁阀 YC2 和 YC3 并联可将冷凝热一分为二,通过开阀的数量以及开阀持续时间可以控制冷凝热的量,从而实现冷凝热分配。由于每个系统的能量需求以及工况不同,因此经过精密计算可以通过若干个电磁阀、多通路实现能源的不同分配。

工程实现往往是一个艰难的过程,在试验过程中遇到过诸多问题,如计算值和实际值的差异、电磁阀开合顺序对试验的影响等。电磁阀的时序控制是个精密的过程,若设计不合理则可能会导致高压报警,从而引起系统保护。经过反复试验、调试,找到电测阀组合的时序控制规律,实现冷媒的分流控制。

该方案采用类似分配机理结合算法的方式以经济的成本实现对高压气体的分流控制,对节能、环保来说具有重要意义。

3. 热回收利用设计过程的创新思维

热回收利用方案除提升组合式空调机组效能、节能、环保的意义之外,对部分不适于室外散热的工程实现也具有特殊意义。在实际工程中,有时从室内制冷压缩机到室外冷凝器的管线很长,这会影响制冷压缩机组的性能;有些工程(如隐蔽工程等)有特殊性要求,不适于装配室外散热系统。此时,将冷凝器安装在机组内,既实现了热回收利用,也符合特殊工程实现需求。

除热回收利用系统外,电热元件的选配和使用对空调系统实现节能、环保、增效也有很大影响。

在组合式空调系统中电预热和电加热多选用传统电热管作为将电能转化为热能的电热元件,其结构简单、机械性能好,安装简便、使用寿命长,一直被广泛应用。在空调系统中电加热耗能较大,尤其是在北方过渡季节,电加热占据空调系统用电总容量的绝对份额。如何在保证系统热量供给的情况下减少用电负荷是设计的关键,发热元件的优选应该是切入点之一。

经跟踪调研,陶瓷发热元件进入研究者的视线。陶瓷电热管是一种在纯度为 96% 以上的管状氧化铝陶瓷上面印刷发热线路,经高温共烧而成的管状发热体。发热丝线路嵌入管壁与空气隔离,可减少发热丝氧化对产品寿命的影响。当电流通过发热丝线路时,发热丝线路会发热。氧化铝陶瓷具有金属正温度特性,其阻值随着温度上升而增大,因此,在保证原有热能的情况下,功耗降低,从而节约能源。而且它硬度大、耐磨性能好、质量轻、抗压和绝缘性能可靠,不含重金属或其他污染环境的物质,升温比金属电热管快,在同一温度下的功耗比金属电热管减少 20%~30%。陶瓷电热管还有一个特性是它在通电加热后发热而不带电,且不发红、无明火,安全可靠。基于陶瓷电热管的这些优异特性,可以考虑在空调系统中采用陶瓷电热管作为电加热功能段的选材。

4. 空调自动控制系统在实际工况中的解决方案

电预热和电加热功率应分档控制,以满足不同季节、不同工况对电加热功率的使用需求。当设计人员在计算功率后进行分档时,不能随意确定功率档位的分配。功率分档要遵循电热元件的特性,本着连续可调、满足设计计算功率的原则进行。

电热元件的功率档位不是从 0 开始无限制连续分配的。对于电热管来说,理论上每根电热管可以按照要求的任何功率生产,但在实际的工厂生产中都是根据行业使用习惯按整功率数配置生产的。而且电加热系统的连接采用的是三角形接法,因此,在电加热功能段分档应遵循这些规律,功率分档按 3 kW 的整数倍进行,比如按照 60 kW＝9 kW＋9 kW＋18 kW＋24 kW、144 kW＝12 kW＋12 kW＋24 kW＋48 kW＋48 kW 的方式进行分档。

分档控制如果不连续可调,则在系统调试过程中就会遇到温升不稳定、忽高忽低的问题,增加其他功能段配合的复杂程度,有可能达不到设计使用需求。比如 60 kW 的电加热功率可分为 9 kW＋9 kW＋18 kW＋24 kW,其中 9 kW 的功率采用连续可调方式,其他 9 kW＋18 kW＋24 kW 的功率采用定功率投入方式。当需要 0～9 kW 的功率时,动态调节可达到使用需求。当功率需求超过 9 kW 时,投入定功率的 9 kW 功率,结合连续可调的 9 kW 功率,可实现 0～18 kW 功率的可调范围。依照这种方式,可实现 0～60 kW 功率的全覆盖连续可调。

可调热段可以采用固态继电器和调功器实现连续调节控制。固态继电器通过控制通断时间持续的长短来达到连续调节发热量的目的。调功器通过改变电压、电流来改变发热量,发热量与电压的二次方成正比、与电流的二次方成正比,即

$$c \times m \times \Delta T = P \times t = \frac{U^2}{R} \times t = I^2 R t$$

式中:c 为需加热物质的比热容;m 为需加热物质的总质量;ΔT 为温差;P 为功率;t 为时间;U 为电压;I 为电流;R 为电阻。

当在分档原则的基础上计算电热元件的功率时,有时会发现,以 3 kW 的整数倍结合连续可调原则计算的功率,会与工艺设计计算的总功率不完全匹配,比如工艺设计计算的功率为 62 kW,而实际计算的功率为 60 kW。有时实际计算的功率也会超出工艺设计计算的功率。这种情况怎么处理呢?当在电热部分进行功率计算时会预留实际计算值的 10% 的余量。因此,实际功率计算值可以与设计计算值有一点幅度的差异。对于机组功能段,尤其是在北方地区,电预热不足易使盘管结露,原则上电预热部分分配的功率较多(超出),宁超不缺。对于电预热部分超出的功率,电再热部分可以少量分担,以达到整个机组热量需求的平衡。

5.7.3　极端气候等影响的保障设计分析

KTA1、KTA2 空调机组是为某关键设备提供环境保障的、互为冷备份的两套机组,其中的一套机组承担环境保障工作,另一套机组作为备份,其主备关系依顺序轮换。为满足空调系统的精准控制要求,机组内部多台风机和压缩机采用变频调节控制模式。

当雷电等导致供电电压的瞬时波动超出一定的幅值和时长时,变频器会停机保护,需要手动复位才能恢复运行,压缩机也需要延时启动。如果对系统工艺的了解有限、处置不当或处置不及时,则很容易导致被保障环境的温湿度超标,尤其是在夏季,保障区域雷电天气多发,在保障期间遇到过两套机组均因雷电造成的供电电压瞬时跌落或瞬时停电而导致变频器停机的现象,使保障区域内送风暂时中断。

依据使用需求,本着提升空调自动控制系统运行可靠性、稳定性的目的,通过对

系统进行分析,从系统设备保障的角度研究相应的解决方案,以提升空调系统的持续保障能力。

该空调系统采用冷备份一用一备方式保障环境,机组及相应的控制柜安装在空调机房内。空调机组为双电源自动切换供电,当其中一路电源故障时,可转换到备用回路供电,因为所选用的双电源切换开关完成切换需要 200~500 ms 的时间,所以不能做到不间断供电。

在夏季工况下,室外新风经直接蒸发前表冷段进行降温、除湿预处理后,经转轮除湿段进行除湿处理,再经直接蒸发后表冷段或调温电加热段进行降温或加热处理后进入保障区域内。在冬季工况下,室外新风经电预热段进行加热处理后,经热水加热段或调温电加热段进行加热处理,再经电加湿段进行加湿处理后进入保障区域内。

六台变频器用于两台风机、两套前表冷压缩机及两套后表冷压缩机的变频控制。机组选用的变频器均为三菱 F700 系列,当供电电压低于 300 V 时,变频器会因欠电压而保护性停机;当供电出现 15~100 ms 瞬时断电时,变频器会因瞬时断电而故障性停机。

由于供电瞬时波动或瞬时断电直接影响变频控制回路,因此可靠性增长解决方案以保证空调自动控制系统不间断运行为目标,着重解决变频控制回路电源保障和湿度保障涉及的功能设备的电源保障,其他功能设备的供电仍然由原有的双回路供电系统保障。通过供电保障能力的提升,保证空调自动控制系统能够不间断运行,从而提升整个空调系统的持续稳定的保障能力。

KTA1、KTA2 机组的总装机容量为 177 kW,KTA1 机组的设备配置情况如表 5.5 所列,KTA2 机组的设备配置情况如表 5.6 所列。配电系统图如图 5.12 所示。

表 5.5 KTA1 机组的设备配置情况

序 号	设备名称	功率/kW	功 用	重要度
1	变频送风机	A_1	将室外新风经各功能段处理后送入整流罩	重要
2	变频除湿送风机	A_2	导引气流进入转轮除湿功能段	重要
3	转轮除湿再生风机	A_4	将再生电加热热量传送至转轮	较重要
4	除湿转轮电机	A_3	驱动转轮	重要
5	除湿再生电加热器	D_1	加热去除转轮水分,使转轮恢复除湿能力	较重要
6	电热式加湿器	D_2	(热蒸汽)加湿	次要
7	前表冷压缩机 1	A_5	降温除湿	重要
8	前表冷压缩机 2	D_3	降温除湿	较重要
9	后表冷压缩机 1	A_6	降温	重要
10	后表冷压缩机 2	D_4	降温	较重要
11	后表冷压缩机 3	D_5	降温	较重要
12	新风电加热器	D_6	加热预处理新风	次要
13	送风电加热器	D_7	辅助升温	次要

表 5.6　KTA2 机组的设备配置情况

序　号	设备名称	功率/kW	功　用	重要度
1	变频送风机	B_1	将室外新风经各功能段处理后送入整流罩	重要
2	变频除湿送风机	B_2	导引气流进入转轮除湿功能段	重要
3	转轮除湿再生风机	B_4	将再生电加热热量传送至转轮	较重要
4	除湿转轮电机	B_3	驱动转轮	重要
5	除湿再生电加热器	E_1	加热去除转轮水分,使转轮恢复除湿能力	较重要
6	电热式加湿器	E_2	(热蒸汽)加湿	次要
7	前表冷压缩机 1	B_5	降温除湿	重要
8	前表冷压缩机 2	B_6	降温除湿	重要
9	前表冷压缩机 3	E_3	降温除湿	较重要
10	前表冷压缩机 4	E_4	降温除湿	较重要
11	后表冷压缩机 1	B_7	降温	重要
12	后表冷压缩机 2	B_8	降温	重要
13	后表冷压缩机 3	E_5	降温	较重要
14	后表冷压缩机 4	E_6	降温	较重要
15	新风电加热器	E_7	加热预处理新风	次要
16	送风电加热器	E_8	辅助升温	次要

前表冷压缩机兼具降温除湿功能,故障停机会导致送风湿度波动较大;后表冷压缩机只用于调温,对送风湿度的影响较小。针对瞬时电压波动影响变频器工作这一情况,通过对系统中设备的重要度进行分析,并综合考虑瞬变会引起温湿度变化的其他设备,需要提升供电保障能力的空调设备主要包括:

KTA1 机组:变频送风机、变频除湿送风机、除湿转轮电机、转轮除湿再生风机、前表冷压缩机 1(定频)、后表冷压缩机 1(定频)、主控制器,容量为 A kW($A=A_1+A_2+\cdots+A_6$)。

KTA2 机组:变频送风机、变频除湿送风机、除湿转轮电机、转轮除湿再生风机、前表冷压缩机 1、前表冷压缩机 2、后表冷压缩机 1、后表冷压缩机 2、主控制器,容量负荷为 B kW($B=B_1+B_2+\cdots+B_8$)。

KTA1、KTA2 两套机组互为冷备份模式,电源保障以一套使用工况负荷配置,需特别保障的用电负荷总功率为 C kW($B>A,C\geqslant B$)。

针对电网电压瞬时跌落和双电源切换时的短暂供电中断致使交流变频器保护性停机存在的可靠性隐患,可采用增加精密净化隔离稳压电源改善供电品质的方式,消除致使交流变频器异常停机的隐患。精密净化隔离稳压电源是一种可满足重要设备高品质供电要求的新型电源稳压设备,由双电源静态切换、整流、超级电容(滤波、蓄能)、逆变、隔离变压器输出等部分组成,其输出电能品质(频率、电压、波形)完全

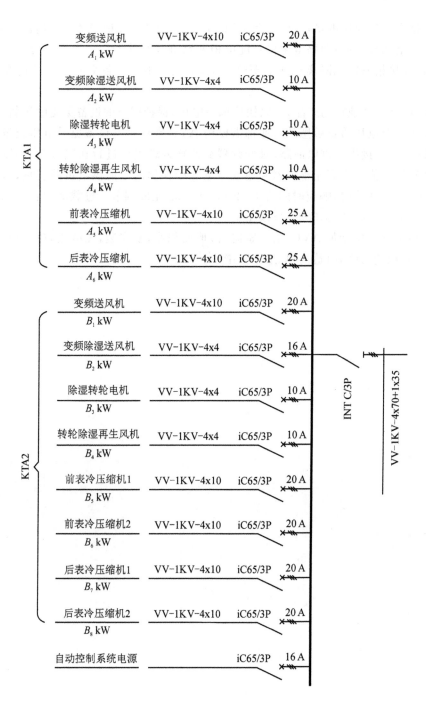

图 5.12　配电系统图

可控。

根据重要负荷用电量,选用一台 AFK1750S－100KVA 精密净化隔离稳压电源,并安装在空调机房内;两路电源接自配电柜两路进线断路器后。增加一台电源配电柜,其进线接精密净化隔离稳压电源输出端,配电输出接至各交流变频器前端断路器前。

AVC 是一个独特的产品,可以快速调整电压,保护用户的设备免受电压暂升、暂降的干扰。对电压质量敏感的行业都需要用 AVC 来保护其设备免受电压质量的影响。AVC 可直接串入供电回路,对变频器交流输入端电压进行在线调节,使输入电压保持在标称值。它利用整流器和逆变器电容中存储的电能供给负载实现,电能效率＞99％。当在线时,响应时间为 1～2 ms,10 ms 完成调节。过载能力:125％持续 10 min,150％持续 30 s,500％持续 1 s。

在供电回路中增加 AVC,结构紧凑,占地面积小,易安装,无电池,免维护,响应时间短,过载能力强,改造简单,适用范围广。

第6章 空调控制软件设计

控制软件是空调自动控制系统控制功能实现的内在驱动力,其设计和质量管理对自动控制系统的功能、性能、可靠性等起着决定性作用。

本章以某高大空间环境保障空调自动控制系统为应用场景,介绍空调控制软件的通用设计方法和要求,并基于西门子开发平台进行控制软件设计的应用示例推演。

西门子空调控制软件分为 3 个不同的种类:

(1) 编程和工程工具

编程和工程工具包括所有基于 PLC 或 PC 用于编程、组态、模拟和维护等控制所需的工具。STEP 7 标准软件包 SIMATIC S7 是用于 S7 - 300/400 PLC、C7 PLC 和 SIMATIC WinAC 基于 PC 控制产品的组态编程和维护的项目管理工具,STEP 7-Micro/WIN 是在 Windows 平台上运行的 S7 - 200 PLC 的编程、在线仿真软件。

(2) 基于 IPC 的控制软件

基于 IPC 的控制系统 WinAC 允许使用 PC 作为 PLC 运行用户的程序,运行在安装了 Windows NT 操作系统的 SIMATIC 工控机或其他任何商用机上。WinAC 提供两种 PLC:一种是软件 PLC,它在用户计算机上作为视窗任务运行;另一种是具有硬件 PLC 全部功能的插槽 PLC(在用户计算机上安装一个 PC 卡)。WinAC 与 SIMATIC S7 系列处理器完全兼容,其编程采用统一的 SIMATIC 编程工具(如 STEP 7),编制的程序既可运行在 WinAC 上,也可运行在 S7 系列处理器上。

(3) 人机界面软件

人机界面软件是为用户自动化项目提供人机界面(HMI)或监控与数据采集系统(Supervisory Control and Data Acquisition,SCADA),支持大范围的平台。人机界面软件有两种:一种是应用于机器级的 Pro Tool,另一种是应用于监控级的 WinCC。Pro Tool 适用于大部分人机界面硬件的组态;WinCC 是一个真正开放的、面向监控与数据采集系统的软件,可在任何标准 PC 上运行。

6.1 PLC 控制软件设计

6.1.1 PLC 控制软件编程要素

PLC 控制软件设计应根据总体要求和控制系统的具体情况,确定用户程序的基本结构,绘出程序流程图或数字量控制系统的顺序功能图,其作为编程的主要依据,应尽可能地准确和详细。较简单的控制系统梯形图可以用经验法设计,复杂的控制系统一般采用顺序控制设计法。

PLC 的程序设计是实现控制任务的关键。因而,PLC 的程序设计就成为工程控制人员的基本技能之一。在设计中,PLC 编程主要考虑的要素有编程语言、扫描周期以及指令条目。

1. 编程语言

PLC 编程可以采用多种编程语言,如图形、文本、布尔代数、工艺流程以及高级语言等,IEC 规定以 LAD 为第一编程语言。在实际的产品中,各厂家也是把 LAD 作为第一编程语言进行程序设计的。需要说明的是:

① PLC 是采用计算机技术,专用于自动(智能)控制的装置,其使用对象是工程现场的各类技术人员。

② PLC 控制的目标是安全、可靠、高效,这与所采用的具体编程方法没有直接关系。

③ 采用 PLC 控制后,控制工程技术人员有必要至少掌握一种适合自己的编程语言和编程方法。

④ IEC1131-3 是国际 PLC 编程语言的规范性文件,但不限定厂家编程语言的灵活性。不同厂家产品在编程语言上稍有区别,应用上也存在差异,但功能和效果上完全一致。因此,掌握一种机型和语言是关键。

⑤ 控制程序长度必须是 PLC 所执行并完成控制任务的一个完整周期。

2. 扫描周期

PLC 的扫描周期由 3 部分组成,且对用户程序的影响最大。编程人员无论采用什么语言,都必须保证所编写的控制程序长度在自己选用的 PLC 所允许的范围内。厂家为了保证自己产品的可靠性,都设置有看门狗(WDT),一旦超时限,PLC 对尚未运行的程序报警并拒绝执行,对运行中的程序将立即中断执行并报警。

3. 指令条目

现在,PLC 指令条目越来越多、功能越来越强,各厂家对自己产品的每条指令(包括全部简单指令、复杂指令)的执行时间都有一个限制。在 PLC 编程时,指令条目选取正确与否,对扫描周期以及控制可靠性也有一定影响。

6.1.2 PLC 控制软件设计方法和步骤

1. PLC 控制软件设计方法

PLC 控制软件的常用设计方法包含经验设计法、解析设计法和图解设计法等。

(1) 经验设计法

经验设计法是指根据控制系统要求,在典型电路的基础上不断地修改和完善梯形图。该设计方法所用的时间、设计的质量与设计者的经验有很大的关系,可以用于较简单的梯形图的设计。常用编程方法有线性编程、转移编程和结构编程。

① 线性编程不带分支,所有指令在一个程序文件中,按照工艺流程的先后依序编程。

② 转移编程又称翻译法编程,是指用 PLC 中软元件代替原继电-接触控制线路图中的元器件,然后应用编程语言直接翻译(转移)成控制程序。

③ 结构编程是指根据控制的复杂程度将控制过程分解为若干个简单的控制模块,如公共模块、子模块 1、子模块 2……,再根据模块编写一个个相应程序,也可以按过程要求将类似或相关功能分类,以通用解决方案为主,采用主程序调用的方式完成控制任务。

在用经验设计法设计时,没有一套固定的方法和步骤可以遵循,具有很大的试探性和随意性;对于不同的控制系统没有一种通用的容易掌握的设计方法;梯形图往往很难阅读,系统的维修和改进困难。

(2) 解析设计法

解析设计法是指利用组合逻辑或时序逻辑理论,把触点的"通""断"状态用逻辑变量"1""0"来表示,应用真值表、卡诺图、布尔代数等方法进行逻辑关系求解。将解列成"或、与"表达式,并依据该结果编辑程序。其优点是逻辑严谨,可利用一定的标准使程序优化,避免盲目性,适用于熟悉数字电路的开发人员。

(3) 图解设计法

图解设计法是指用图形语言进行 PLC 程序设计的方法。常用的编程方法分为 LAD 法、框图法、时序图法、流程图法等。

① LAD 法采用 LAD 编程语言,其特点是通俗易懂、易于掌握,直观性好;对编程人员的计算机水平无要求,但要求须具有一定的控制技能。

② 框图法又分为逻辑框图法和功能框图法。

(a) 逻辑框图法以数字逻辑电路形式直接编程,其特点是极易表现条件与结果之间的逻辑关系;对于既熟悉数字电路,又熟悉电气控制的人员来说易于掌握。

(b) 功能框图法也称状态流程图法、转移状态图法、顺序功能图法等。该方法是将复杂的控制过程分解成若干个工作步骤(工步),每个工步又对应着多个具体的工艺动作,把这些工步依据工艺动作的顺序要求进行排列组合,再在不同的工步内实现各自的具体要求,进而形成一个完整的控制程序。

③ 时序图法又称波形法,适用于时间控制。该方法是根据控制任务的时效关系,先绘出系统时序图,再根据时序关系绘出对应的程序框图,最后应用编程人员熟悉的编程语言依程序框图进行编程设计。

④ 流程图法是采用框图形式表示程序(或工艺)的执行过程和输入输出条件关系,然后用顺序功能图进行编程设计。

除上述编程方法外还有综合法、计算机编程法等。无论采用何种方法,对于应用程序的设计,关键在于选择一种编程人员认为最合适的方法进行编程,并在实践过程中不断提高编程技巧和能力。

2. PLC 控制软件设计步骤

PLC 控制软件设计的常见设计步骤主要包括 I/O 赋值和程序编制。

(1) I/O 赋值

I/O 赋值即指参数的定义及地址分配,对因控制需要的所有器件(输入、输出、保护、显示等)逐一赋值,即确定每一器件在 PLC I/O 端口的位置,一经确定,在编程过程中不得更改。

(2) 程序编制

以西门子 S7 - 200 为例,该产品提供了梯形图编辑器(LAD)、语句表编辑器(STL)和功能块图编辑器(FBD),应采用编程人员熟悉且 PLC 又可识别的语言进行编程。

在将系统输入/输出点分配和所需硬件准备工作完成后,就需要进行软件的设计工作,主要是对程序的设计。本书采用的开发软件为在 Windows 操作系统上运行的西门子 S7 - 200 开发软件 STEP 7 Micro/WIN。该软件为编程人员提供了一个人性化的编写、编辑、调试和监控应用程序的编写环境。如果控制系统设计的是简单的数字量控制程序,则只要编写主程序(OBI)就可以了;如果控制系统的工艺程序复杂,要求完成的功能繁多,则在主程序的基础上需要采用子程序(SBR)和中断程序(INT)。子程序和中断程序都是独立的程序块。采用子程序可以使主程序看起来更简便,子程序块在被扫描到的时候被调用。中断程序必须有中断事件,当中断事件发生时中断程序被调用。开发软件支持梯形图(LAD)、功能块图(FBD)以及结构化控制语言(SCL)通用编程语言,主要功能如下:

① 在计算机与 PLC 未建立通信前,在计算机中可打开开发软件新建用户程序,依据工程控制系统编写、调试、修改用户程序的工作都是在计算机上独立完成的。

② 当计算机与 PLC 建立通信后,就可以进行各种操作,如上载、下载用户程序和组态数据等。

③ 语法的检查在编写用户程序过程中非常重要,通过语法检查可以提示在编写过程中出现的语法错误及数据类型错误。如果出现程序梯形图错误,则在错误的梯形图下方加有红色波浪线以作提醒;如果语句表出现错误,则在语句表错误的行前面出现红色叉号,且在错误处加上红色波浪线。

④ 用户程序的文档管理、加密等工作。

⑤ 对 PLC 的工作方式、参数进行设置,同时运行监控系统等。

3. 系统控制程序流程

空调机组控制系统的工作过程可将其分为手动和自动两种控制模式。在系统开始时,如果选择手动模式则需要手动调节输出量,也就是手动调节冷却水流量调节阀的大小,启动风机、水泵等负载,系统开始工作。在自动模式下启动电机与调节阀以后,系统自动检测程序,包括主程序、报警程序、模拟量程序、Profibus 通信程序、模糊 PID 子程序、中断程序。这些程序分别实现系统的通信功能、数据的采集功能、报警功能、模糊 PID 的计算对 PID 控制器参数的优化等功能,并最终达到调节冷却水流量调节阀的目的。空调机组 PLC 控制系统流程图如图 6.1 所示。

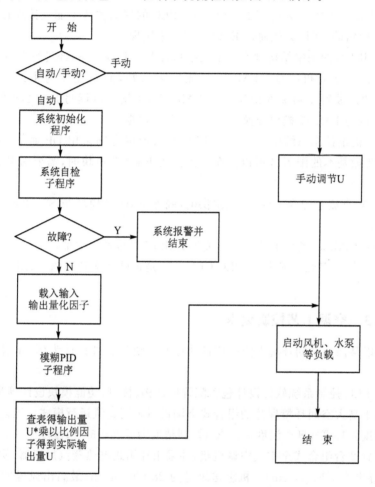

图 6.1　空调机组 PLC 控制系统流程图

4. PLC 的通信

(1) PLC 与计算机的通信

以 S7 - 200 PLC 为例,最常使用 PC/PPI 电缆将 S7 - 200 PLC 与计算机连接进行通信。本例中的空调机组控制系统的 PLC CPU226 与计算机之间的通信也是采用这种单主站的通信方式。具体的连接过程也比较简单方便,PC/PPI 电缆与计算机端可以直接以 USB 接口方式连接,电缆的另一端与 PLC 的 RS - 485 接口相连接。

在连接好后,首先打开 STEP 7 Micro/WIN 开发软件,单击界面工具栏的"设置 PG/PC 接口",然后在弹出的窗口中单击选择"PC/PPI cable. PPI. 1",点击"OK"按钮即可设置完成。

(2) PLC 与触摸屏的通信

EM277 模块是在空调系统中采用的一个智能扩展模块,用于 S7 - 200 PLC 连接到 PROFIBUS - DP 总线上。因为 S7 - 200 PLC 的集成整体不能直接连接 PROFI-BUS - DP 通信的,所以只能通过 EM277 模块来实现。

PROFIBUS 的网络结构含有一个主站和若干个 I/O 从站,经过组态后主站就可以知道从站的类型和站号。EM277 只能作为从站,而不能作为主站。DP 从站 EM277 模块的波特率为 9.6 kbit/s~12 Mbit/s,主站可以读写 S7 - 200 的 V 存储区,每次可以与 EM277 模块交换 1 128 个字节的数据。

在空调机组控制系统中,S7 - 200 PLC 与触摸屏之间采用 DP 通信,对 EM277 模块只需要做基本的配置就可以。在首次使用 EM277 模块时,需要对其进行如下的设置:

① 24 V 直流电源为 EM277 模块供电,确保 EM277 模块与 S7 - 200 PLC 之间接线正确。

② 使用 EM277 模块上的拨码开关为 EM277 设置通信地址。

③为了检查 EM277 模块与 PLC CPU 226 是否已经成功通信,采用对其先断电后上电操作。

6.1.3 空调工艺控制要求

本节以某高大空间环境保障空调自动控制系统的软件设计为例,介绍软件研制应用要求。

空调 PLC 控制系统软件设计包含配置项结构、接口、功能模块设计等类项设计。

某用于高大空间环境保障的组合式空调机组采用直流运行模式。工艺控制条件为冬季温度≥10 ℃,夏季温度≤28 ℃;控制精度为温度±5 ℃,湿度±10%。在空调机房内设置 2 台组合式全空气空调机组,并采用外用式电热蒸汽加湿器(使用纯水加湿,纯水导电率≤18 μs/cm)。机组送风量为 28 000 m³/h,最高出风温度为 35 ℃,最低出风温度为 12 ℃。

空调机组冷源采用直接蒸发制冷,制冷量调节范围为 10%~100%。空调机组含压缩机段、初效过滤段、直接蒸发表冷段、电加热段、热水加热段、电加热微调段、电热蒸汽加湿段、送风机段。

夏季工况:室外新风首先经过直接蒸发表冷段降温除湿,再经过电加热微调至送风温度,每台机组的能量调节范围为 10%~100%。

冬季工况:室外新风首先经过机组外电加热段与机组内电加热段加热至 0 ℃,再经过热水加热段,利用 70/55 ℃热水加热至送风温度,最后经过电热蒸汽加湿至送风状态点。

经空调机组处理的空气通过垂直送风管道、水平支管、风口送至保障空间,以满足保障空间的正压及温湿度要求。

空调自动控制系统实现两套空调的自动控制管理,并同时具备就地显示、控制和远距离集中监控的能力。

空调自动控制系统应用软件的开发采用结构化编程技术,利用数据流图、实体联系图等完成问题的分析建模,利用程序结构图和关系数据模型作为软件设计模型进行设计。

6.1.4　PLC 控制目标及功能要求

PLC 采集温度、湿度、压差、压力等传感器信号以及系统和设备信号,并通过控制风机、电加热、电加湿、压缩机、电磁阀等设备,按照工况要求完成空调控制,满足保障场所所需要的温度、湿度、风量、洁净度等工艺参数指标调节,实现环境保障目标。

PLC 实时完成信号采集、控制动作执行、数据处理、数据通讯和控制指令的发送等功能。

1. PLC 具备的功能

(1) 具有信息接收、处理功能

PLC 主机控制相应的模板,采集机组内部及现场所有的模拟量和数字量,并完成对所有风机、电加热、电加湿、压缩机、电磁阀、泵等设备的控制指令发送。对采集到的所有设备状态、系统信息等进行实时接收和综合处理,为系统设置温度、湿度、压力的上下限值,超限报警等控制提供依据。

(2) 接收参数装订功能

PLC 能够正确接收上位机装订的工况、温度、湿度等参数。

(3) 接收控制指令下达功能

PLC 能够正确接收上位机、触摸屏控制指令的下达。

(4) 全自动与单独控制功能

PLC 软件能够完成工况全自动控制,并且可以对各个功能段进行单独操控。

(5) 故障报警功能

PLC 能够提供状态设置错误、温度、湿度、压力超标等报警和预警。

2. PLC 控制软件功能要求

(1) 系统初始化功能

对开关控制如加热器投切、压缩机投切等控制变量进行清零;对用于控制加湿量、制冷量、加热量等模拟量进行清零。

(2) 参数采集功能

PLC 能够采集到机组各种开关量和模拟量信号。PLC 采集的模拟量信号量值

范围为 0～28 036,再通过计算转换成相应的实际值,并通过数字测量仪表进行显示。

(3) 参数装订功能

可从上位机或触摸屏进行参数装订,主要包括:

① 远程/近控启动按钮。

② 机组选择按钮 KT1、KT2,两台机组用一备一;上位机、触摸屏可设置 KT1、KT2 选择开关。

③ 功能选择按钮:制冷、加热、加湿、转轮除湿。

④ 进行目标温湿度设定、变频器频率设定。

⑤ 集中控制电加热人工干预选择。

(4) 开机控制功能

检测所选机组相关风阀的反馈信号,以进行风阀开关控制。当风阀反馈值大于95%时,可认为该风阀全部打开。当检测风阀打开/关闭状态正确后,控制送风机开启。

(5) 夏季工况湿度控制功能

当送风含湿量大于 6.0 g/kg 时,新风首先通过前级直接蒸发表冷段预降温,随后通过转轮除湿,再进入后级直接蒸发表冷段降温后,电加热微调至送风温度。

(6) 夏季送风温度控制功能

以保障区域的温度参数作为温度测量值,上位机或触摸屏装订的温度值为目标值进行控制。

(7) 冬季工况新风温度控制功能

通过新风电加热器的投切进行温度控制。

(8) 冬季工况送风温度控制功能

控制新风加热后温度大于 5 ℃后,再采用电加热微调进行送风温度控制。

(9) 冬季工况湿度控制功能

以含湿量进行控制,计算保障区域当前平均含湿量与设定绝对含湿量进行比较,并获得偏差值,再根据 PID 计算结果进行电加湿器加湿量控制。

(10) 关机控制功能

先关电加热器、电加湿器、压缩机,延时 2 min 停送风机,最后关风阀。

(11) 寿命监测功能

PLC 中采用上升沿触发累计计数,记录重要继电器动作次数、接触器动作次数、阀门次数。对变频器、风机等重要部件运行时间进行累计记录。

(12) 异常处理功能

当出现温湿度超标、防火阀报警、风机故障、压缩机高低压、电加湿器故障、压差超标报警时,IPC 弹出报警信息框,人为判断给出决策判断,并进行应急处置。

(13) 数据通信功能

完成 PLC 与上位机、触摸屏、风机变频器等的通信。

6.1.5 PLC 控制程序 CSCI 结构

空调 PLC 控制程序 CSCI 结构包括开机控制、数据采集转换、初始化、电加热控制、电加湿控制、转轮除湿控制、热水阀控制、制冷压缩机控制、故障处理响应、关机、寿命管理、主程序等软件部件。按照功能的不同划分为 7 个 CSCI。其中,开机控制包括上位机远控和近控模式下的新风阀、送风阀/管道阀门打开控制,送风机变频器启动控制;数据采集转换包括开关量和模拟量数据采集转换;电加热控制包括机组外新风电加热、机组内新风电加热、前级蒸发后电加热、调温电加热器的控制;制冷除湿控制包括前级制冷压缩机和后级制冷压缩机控制、转轮除湿机控制以及三通阀的控制;开关接触器继电器动作次数记录主要是实现器件寿命管理。

6.1.6 PLC 控制程序接口

空调 PLC 控制系统主要功能是:实现空调自动控制,系统参数的检测、装订;实现组合式空调机组对应的风阀、水阀、风机、电加热、电加湿、压缩机、冷却风机、温湿度传感器、压力传感器、压差传感器等工艺设备的控制功能;实现机组切换控制。

PLC 外部接口(见图 6.2)主要分为两部分:一是 PLC 与触摸屏之间的数据交换;二是 PLC 与上位机(IPC)之间的接口,上位机通过交换机与各 PLC 连接,PLC 从现场采集数据通过网络交换机和近控端及远控端进行数据交换。

6.1.7 PLC 功能模块设计

1. PLC 数据采集转换功能模块

数据采集(DATA_ACQUISITION)包括两部分:一是开关量数据采集;二是模拟量数据采集。

(1) 开关量数据采集

开关量数据采集主要完成系统所有状态参数的采集,为后续数据通讯、输出显示、输出控制、部件控制提供数据服务。开关量包括 DI 输入信号和 DO 输出信号,DI 信号表征设备状态,DO 信号通过继电器实现设备(如电加热器、电加湿器、电磁阀等)上电控制。

(2) 模拟量数据采集

模拟量数据采集主要完成系统所有模拟量参数的采集,为后续阀门控制、温度控制、输出控制等提供数据服务。模拟量主要包括温湿度、阀门反馈、制冷系统高低压。模拟量数据来自外部 4~20 mA 信号,经过 AD 转换成数字量,再经过数据转换得到模拟量的真实数据。AI 转换梯形图程序及转换原理如图 6.3 所示。

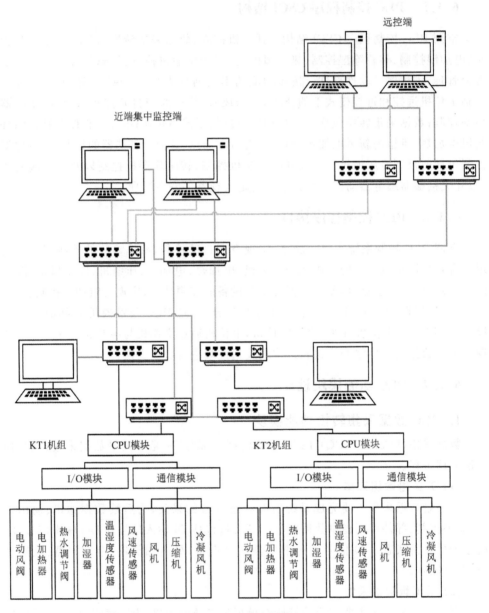

图 6.2 PLC 外部接口

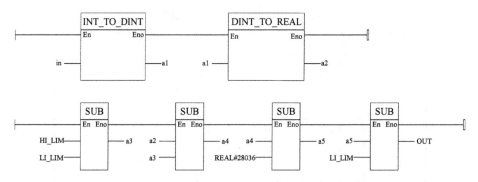

图 6.3   AI 转换梯形图程序及转换原理

在程序设计中将该功能封装为功能块,调用时只需输入要进行转换的 AI 模拟量,设定该模拟量的工程值上下限,就可以直接输出转换结果。空调机组 PLC 采集到的送风温湿度模拟量转换过程的 AI 功能块调用实现如图 6.4 所示,PLC 的 AI 模块将采集到的 4~20 mA 信号经过 AD 转换成数字量,程序再调用 AI 转换功能块将数字量转换为真实的温湿度数据。

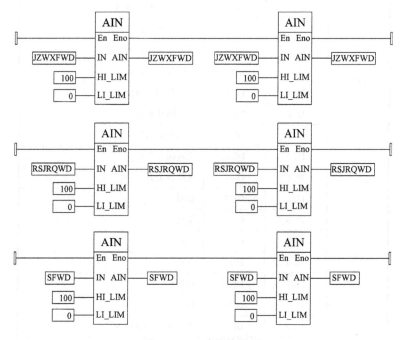

图 6.4   AI 功能块调用

PLC 采集到的开关量信号可直接在程序中引用;而采集到的 0~28 036 范围的模拟信号量值必须通过计算转换成相应的实际值才可在程序中引用。空调 PLC 采集的开关量和模拟量信号分别如表 6.1 和表 6.2 所列。

表 6.1 空调 PLC 采集的开关量信号

模 块	地 址	模块点	功 能
DI1	I0.0	DI1	空调机组启动
	I0.1	DI2	空调机组停止
	I0.2	DI3	故障消音
	I0.3	DI4	工况 1
	I0.4	DI5	工况 2
	I0.5	DI6	工况 3
	I0.6	DI7	工况 4
	I0.7	DI8	台控控制
	I1.0	DI9	自动控制
	I1.1	DI10	手动控制
	I1.2	DI11	初校过滤压差保护备用
	I1.3	DI12	中校过滤压差保护备用
	I1.4	DI13	风机风压保护备用
	I1.5	DI14	送风机风压保护备用
	I1.6	DI15	保障区毒气报警联动
	I1.7	DI16	新风总阀开到位
	I2.0	DI17	新风总阀关到位
	I2.1	DI18	新风阀开到位
	I2.2	DI19	新风阀关到位
	I2.3	DI20	送风阀开到位
	I2.4	DI21	送风阀关到位
	I2.5	DI22	备用
	I2.6	DI23	备用
	I2.7	DI24	备用
	I3.0	DI25	备用
	I3.1	DI26	备用
	I3.2	DI27	备用
	I3.3	DI28	热水加热调节阀开到位
	I3.4	DI29	热水加热调节阀关到位
	I3.5	DI30	蒸汽加湿调节阀开到位
	I3.6	DI31	蒸汽加湿调节阀关到位
	I3.7	DI32	备用

续表 6.1

模　块	地　址	模块点	功　能
DI2	I4.0	DI1	送风机 1 变频上电
	I4.1	DI2	防火阀报警
	I4.2	DI3	送风机 1 变频风扇启动
	I4.3	DI4	送风机 1 变频风扇故障
	I4.4	DI5	送风机 1 手动状态
	I4.5	DI6	1#电加热微调运行
	I4.6	DI7	2#电加热微调运行
	I4.7	DI8	T6-1 电加热微调保护
	I5.0	DI9	备用 3
	I5.1	DI10	备用 4
	I5.2	DI11	备用 5
	I5.3	DI12	备用 6
	I5.4	DI13	1#电加湿器上电状态
	I5.5	DI14	1#电加湿器上电运行
	I5.6	DI15	1#电加湿器上电故障
	I5.7	DI16	2#电加湿器上电状态
	I6.0	DI17	2#电加湿器上电运行
	I6.1	DI18	2#电加湿器上电故障
	I6.2	DI19	机组外 1#新风电加热运行
	I6.3	DI20	机组外 2#新风电加热运行
	I6.4	DI21	机组外 3#新风电加热运行
	I6.5	DI22	机组外 4#新风电加热运行
	I6.6	DI23	机组外新风电加热保护
	I6.7	DI24	机组内 1#新风电加热运行
	I7.0	DI25	机组内 2#新风电加热运行
	I7.1	DI26	机组内 3#新风电加热运行
	I7.2	DI27	机组内 4#新风电加热运行
	I7.3	DI28	机组内新风电加热保护
	I7.4	DI29	压缩机中压 1
	I7.5	DI30	压缩机中压 2
	I7.6	DI31	备用
	I7.7	DI32	备用

表 6.2 空调 PLC 采集的模拟量信号

模 块	地 址	通 道	功 能
AI1	PIW528	AI0	总新风阀阀位反馈
	PIW530	AI1	新风阀阀位反馈
	PIW532	AI2	送风阀阀位反馈
	PIW534	AI3	备用风阀1阀位反馈
	PIW536	AI4	备用风阀2阀位反馈
	PIW538	AI5	AC1控制柜A2相电压
	PIW540	AI6	AC1控制柜B2相电压
	PIW542	AI7	AC1控制柜C2相电压
	PIW544	AI8	保障区4层温度1
	PIW546	AI9	保障区4层湿度1
	PIW548	AI10	保障区5层温度1
	PIW550	AI11	保障区5层湿度1
	PIW552	AI12	保障区6层温度1
	PIW554	AI13	保障区6层湿度1
	PIW556	AI14	保障区6+层温度1
	PIW558	AI15	保障区6+层湿度1
AI2	PIW560	AI0	机组外新风温度
	PIW562	AI1	机组外新风湿度
	PIW564	AI2	热水加热前温度
	PIW566	AI3	热水加热前湿度
	PIW568	AI4	热水加热后温度
	PIW570	AI5	热水加热后湿度
	PIW572	AI6	送风温度
	PIW574	AI7	送风湿度
	PIW576	AI8	备用温度
	PIW578	AI9	备用湿度
	PIW580	AI10	保障区1层温度1
	PIW582	AI11	保障区1层湿度1
	PIW584	AI12	保障区2层温度1
	PIW586	AI13	保障区2层湿度1
	PIW588	AI14	保障区3层温度1
	PIW590	AI15	保障区3层湿度1

2. PLC 初始化功能模块

系统初始化主要是对开关控制如加热器投切、压缩机投切等控制变量进行清零，对用于控制加湿量、制冷量、加热量等模拟量进行清零。系统初始化程序实现如图 6.5 所示。

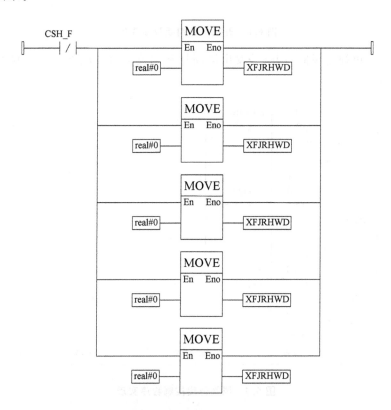

图 6.5　系统初始化程序实现

3. PLC 开机控制功能模块

(1) 机组启动输入条件

空调机组启动的输入条件为：远控允许（上位机）或近控允许（触摸屏），无报警泄漏信号输入，上位机输入开机指令或机组控制柜上启动按钮按下。开机条件判断程序实现如图 6.6 所示。

(2) 开相关风阀

当空调机组启动输入条件满足后，PLC 控制相关风阀开启，主要包括总新风阀、新风阀、送风阀。

PLC 通过 AI 模块对相关风阀反馈信号进行采集并在程序中对其进行判断。如果风阀开启小于 90%，则通过 DO 模块控制相应风阀继电器打开风阀；如果风阀开

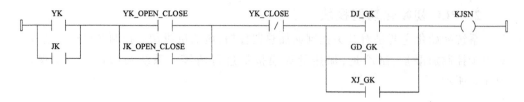

图 6.6　开机条件判断程序实现

启大于 90%，可视为风阀打开，并发出风阀打开到位信号。风阀开启控制程序实现如图 6.7 所示。

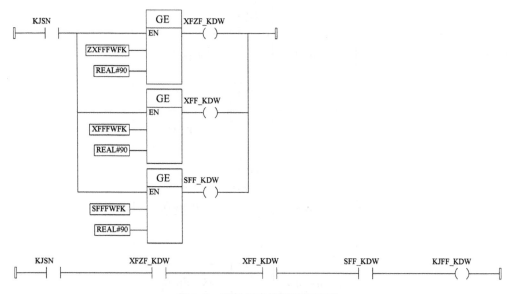

图 6.7　风阀开启控制程序实现

（3）变频器上电控制

当风阀打开到位后，PLC 通过 NE6410ModBus 模块向送风机变频器发出上电指令并装订运行频率，风机开启。风机开启控制及频率给定程序实现如图 6.8 所示。

4．PLC 冬季加热控制功能模块

空调机组冬季加热采用电加热，分为新风内、外电加热，且均采用一组可控硅控制，可实现无极调节。

（1）冬季电加热投入条件

空调机组冬季电加热的输入条件为：远控允许（上位机）或近控允许（触摸屏），无报警泄漏信号输入，上位机输入开机指令或机组控制柜上启动按钮按下并选择冬季工况。电加热开启条件判断程序实现如图 6.9 所示。

（2）冬季电加热控制

新风温度控制通过新风电加热器的投切进行控制。空调机组外新风电加热目标

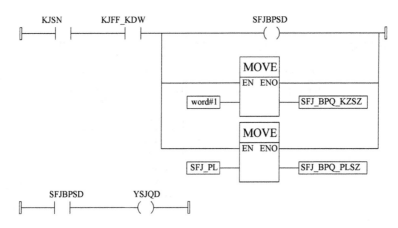

图 6.8　风机开启控制及频率给定程序实现

图 6.9　电加热开启条件判断程序实现

值为一 X ℃(可设定),即当新风温度低于一 X ℃时,启用空调机组外新风电加热;而测量值为空调机组外新风加热后温度,其目标值为一 X ℃。测量值与目标值的差值为温度误差,根据 PID 计算结果进行新风电加热投切控制。空调机组外新风电加热共 5 组,共计 310 kW;通过 5♯可控硅和其他 4 组固定电加热的不同组合形成 0~310 kW 之间的加热功率,电加热分档配置如表 6.3 所列。冬季电加热控制程序如图 6.10 所示。

表 6.3　电加热分档配置

机组外新风电加热		机组内新风加热	
组　别	功率/kW	组　别	功率/kW
1♯电加热(W1新外)	142	1♯电加热(W1新内)	90
2♯电加热(W2新外)	84	2♯电加热(W2新内)	60
3♯电加热(W3新外)	42	3♯电加热(W3新内)	30
4♯电加热(W4新外)	21	4♯电加热(W4新内)	15
5♯电加热(可控硅)(W5新外)	21	5♯电加热(可控硅)(W5新内)	15

(3) 电加热远程人工干预

在上位机设置"电加热人工干预"按钮,当需要手动干预时,可由操作员在上位机

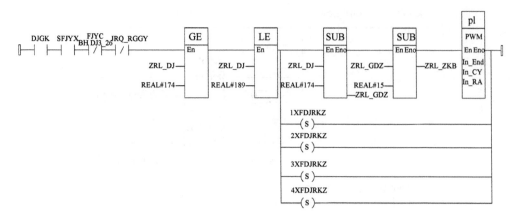

图 6.10 冬季电加热控制程序

进行电加热的手动投/切控制。电加热远程人工干预程序实现如图 6.11 所示。

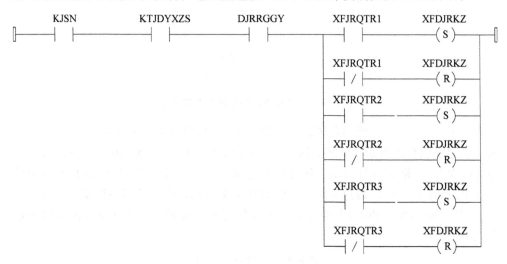

图 6.11 电加热远程人工干预程序实现

(4) 冬季热水加热控制

当控制新风电加热后温度大于 5 ℃时,再采用热水加热和电加热微调配合进行送风温度控制。以空调机组出风口温度作为测量值,目标值为装订的目标温度。测量值与目标值的差值为温度误差,根据 PID 计算结果进行热水加热投切控制,控制送风温度达到目标值。冬季热水加热控制程序实现如图 6.12 所示。

5. PLC 冬季电加湿控制功能模块

(1) 电加湿启动条件

空调机组启动电加湿的输入条件为:远控允许(上位机)或近控允许(触摸屏),无报警泄漏信号输入,上位机输入开机指令或机组控制柜上"启动"按钮按下、无报警泄

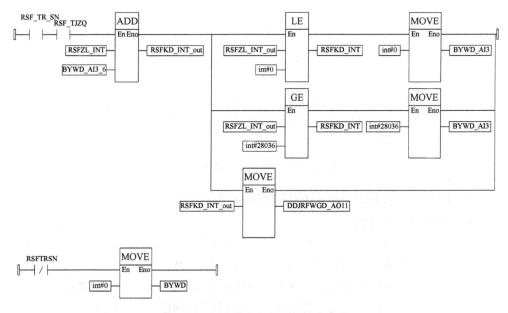

图 6.12 冬季热水加热控制程序实现

漏信号、风机运行正常、风机前后压差正常。

（2）电加湿器控制

以采集得到的目标空间实际湿度和设定湿度目标为输入，通过 PID 计算得出所需的加湿量占总加湿量的百分比后，由 PLC 程序输出 DO 信号控制电加湿器上电，同时 PLC 程序将该百分比转化为整型数字量通过 AO 输出给电加湿器，电加湿器根据输入量自动控制加湿量。电加湿投入及加湿量控制程序如图 6.13 所示。

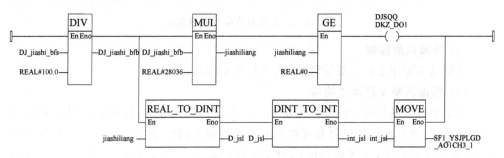

图 6.13 电加湿投入及加湿量控制程序实现

（3）电加湿器远程人工干预

在上位机设置"电加湿人工干预"按钮，当需要手动干预时，可由操作员在上位机进行电加湿的手动投/切控制和加湿量设置。电加湿远程人工干预投入程序实现如图 6.14 所示。

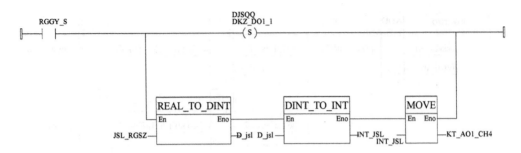

图 6.14　电加湿远程人工干预投入程序实现

6. PLC 压缩机制冷及再热控制功能模块

(1) 压缩机制冷控制

空调机组配备压缩机 5 台，$W_{冷定1}=40\ kW$，$W_{冷定2}=40\ kW$，$W_{冷定3}=25.3\ kW$，$W_{冷定4}=25.3\ kW$，$W_{冷变5}=31\ kW$，制冷量总计 161.1 kW。

因为只有一台变频压缩机，所以在制冷控制时，应依据设定温度和出风温度的差值以及总制冷量，由 5 台压缩机进行组合制冷。压缩机制冷控制程序实现如图 6.15 所示。

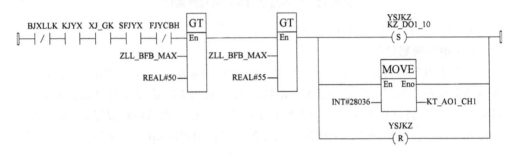

图 6.15　压缩机制冷控制程序实现

(2) 冷凝风扇控制

冷凝风主要用于制冷系统散热，调节制冷系统高压。

(3) 压缩机制冷后再热控制

以采集得到的目标空间实际温度和设定温度目标为输入，通过 PID 计算得出所需的加热量，通过固定加热器和可控硅电加热器的不同组合实现 0～50 W（电加热功率）功率的无级调节，使送风温度达到设定目标温度。调温电加热控制程序实现如图 6.16 所示。

7. 异常处理响应模块

PLC 程序中的异常指环境有害物质浓度监测系统给空调控制系统发出的报警泄露联动信号，以及当空调机组运行过程中控制系统采集到机组故障信号时，控制柜上的蜂鸣器和故障指示灯发出的声光报警，蜂鸣器报警可按控制柜上的故障消音按钮关闭。控制系统可采集到的故障主要有送风机变频故障、防火阀报警、电机风扇故

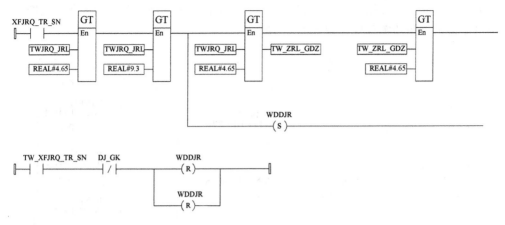

图 6.16　调温电加热控制程序实现

障、电加湿器故障等。空调机组报警、消音程序实现如图 6.17 所示。

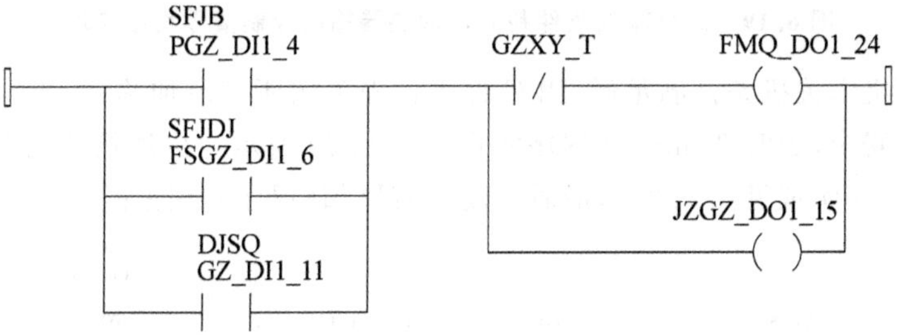

图 6.17　空调机组报警、消音程序实现

8．寿命监测模块

开关、接触器和继电器的状态变化通过计数器进行记录,每关开一次也就是其状态由 0 变为 1 时,在输入端产生一个上升沿会触发对应的计数器进行记数。计数器为 DWORD 类型,计数范围为 $0 \sim 2^{32}$,满足记录需求。计数模块程序实现如图 6.18 所示。

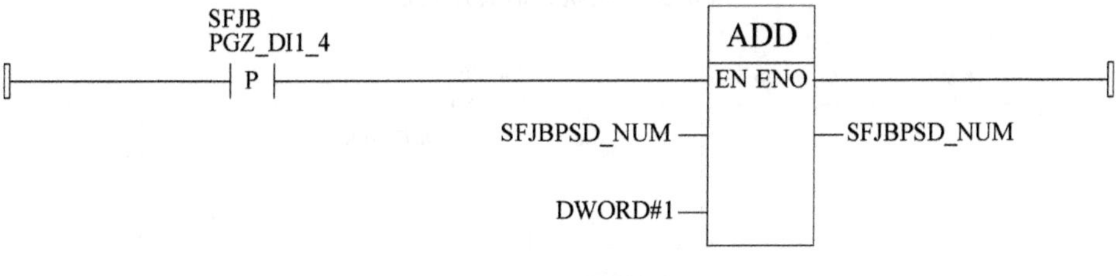

图 6.18　计数模块程序实现

9．关机控制模块

空调机组关机的输入条件为:远控允许(上位机)或近控允许(触摸屏),上位机输

入关机指令或机组控制柜上"停止"按钮按下均执行关机程序。关机输入条件判断及加热器输出控制清零程序实现如图 6.19 所示。

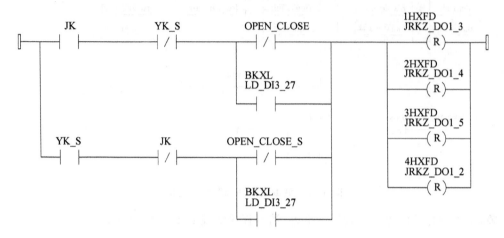

图 6.19　关机输入条件判断及加热器输出控制清零程序实现

当空调机组关机条件满足后,PLC 程序首先关闭所有电加热器、压缩机、电加湿器。为确保安全,延时 3 min,其程序实现如图 6.20 所示。待加热器完全冷却后,关闭送风机(程序实现见图 6.21),最后关闭所有风阀(程序实现见图 6.22)。

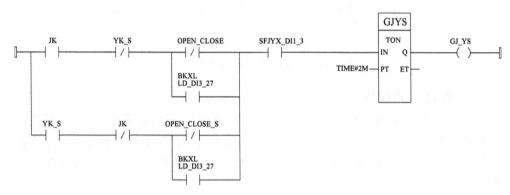

图 6.20　关机延时程序实现

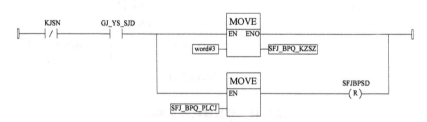

图 6.21　关闭送风机程序实现

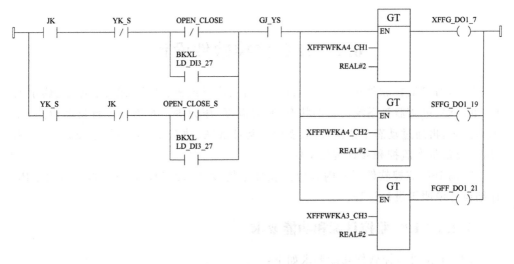

图 6.22　关闭所有风阀程序实现

10．主控程序模块

主控程序为控制系统主程序，在每个扫描周期 CPU 自动调用执行。在主控程序中，按功能先后顺序调用不同的子程序。其调用顺序如图 6.23 所示。

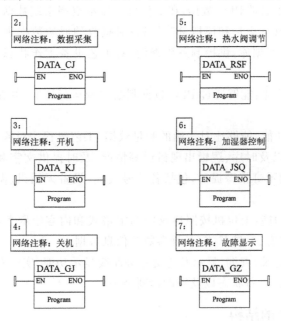

图 6.23　主程序调用子程序

6.2 IPC 监控软件设计

空调 IPC 监控软件负责采集风阀、压缩机、冷凝风机、转轮除湿、电加热、热水加热、电加湿、过滤器等系统设备的状态,并对温度、压力等运行参数进行自动检测、显示和记录,再通过动态工艺流程图、实时趋势曲线图、动态参数显示等手段,完成空调过程、设备状态监控和参数装订工作。

空调 IPC 监控软件开发内容包括软件结构设计、接口设计、IPC 概要设计、IPC 详细设计说明等设计过程。

6.2.1 IPC 监控目标和功能要求

IPC 上位机监控软件功能要求如下:

① 参数装订功能:能够正确向相应机组 PLC 发送装订工况、温度值、湿度值等参数。

② 相应的用户权限管理:进入参数装订页面需用户密码;参数的改变与装订属用户级,可方便地输入。

③ 实时采集并记录 PLC 数据,在上位机上显示空调系统数据和状态参数,并以图、表的方式显示其状态量和模拟量等信息;对接收的原始数据进行数据库存储,综合处理结果也存入数据库,供控制系统查询;对工艺设备工作状态进行监控,并进行故障报警、显示。

④ 信息提示功能:能够通过 PLC 数据判断空调运行情况,并在上位机上直观的显示信息。

⑤ 故障诊断功能:能够比对正确的测量数据、工艺流程。对测量数据、设备状态等超出允许范围,以及时序、逻辑出现错误等情况,及时提供文字和声音的报警提示或模拟故障闪烁指示灯报警提示,包括各信号失灵、设备无回讯、温度、湿度、压力等传感器故障等。

⑥ 数据传输功能:上位机按照协议的约定格式和内容给服务器、监测系统提供空调系统的设备状态、系统状态、各种参数等信息数据。

⑦ 历史数据记录、查询、显示及历史趋势曲线显示功能:实时存盘记录空调运行过程中的测量数据、设备状态以及辅助诊断结果。

6.2.2 IPC 的结构

上位机变量与 PLC 采集对并存于数据块中的各变量进行连接,将各状态信息实时的显示在相应的画面上,并根据需求设置相应的内存变量。对空调系统变量组中的变量进行报警设置,一旦出现故障,报警画面会实时弹出。各操作指令、执行情况及运行状态也会根据设备响应情况,显示状态变化的信息。

对于需要装订的用户数据,通过界面把数据写入相应的内部变量,再由装订界面"装订"按钮的动作命令语言将值赋给对应的 I/O 变量,以达到数据装订的目的。

根据功能需求,IPC 的结构主要分为工艺流程图、状态信号显示、元器件动作次数的显示、实时报警、历史报警、实时数据报表及历史数据查询几个部分。在界面显示过程中可通过相应的按钮进行转换。

6.2.3 IPC 的接口

如图 6.24 所示,IPC 的外部接口主要有以下几个方面:

① IPC 监控软件与相应的 PLC 控制软件进行数据通信。

② IPC 监控软件与远程综合管理系统进行数据通信。

③ 冗余的两台上位机之间通过以太网进行数据通信,并以约定的内部软件协议传输数据或状态信息。

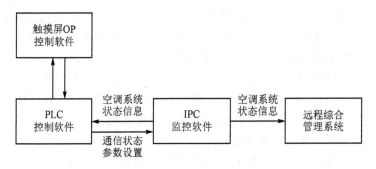

图 6.24　IPC 外部接口示意图

6.2.4 IPC 的画面

IPC 的画面主要包括工艺流程状态实时显示画面(首页画面、各空调机组系统画面、历史数据报表查询画面)、实时报警画面、寿命监测画面、退出画面等。所有画面均采用覆盖模式,除了"登录""实时报警""退出"画面采用小窗口形式外,其他画面均采用全屏显示。

工艺流程状态实时显示画面随软件的启动自动显示。画面用来显示各机组空调工艺流程图、机组状态、实时参数等内容。其中,画面菜单部分实现各个画面的切换。画面还包括向 PLC 装订数据部分,如各机组目标温湿度装订、控制模式选择等,此功能的操作需要相应的权限。

历史数据报表查询画面主要实现对数据的查询功能。相应的按钮实现报表的页面设置、打印预览、画面转换功能。

退出画面在退出系统前给出提示,使用户确认是否退出。

实时报警画面用来显示实时报警信息。画面在系统启动时并不显示,而是在产生报警时自动弹出,报警恢复后关闭。

寿命监测画面对空调系统的空开、继电器及接触器动作次数在下位机进行记录,上位机画面上进行动作次数的显示。

1. 工艺流程状态实时显示画面

上位机画面包括首页画面、KT1-KTx各空调机组系统画面、历史数据查询画面。

各空调机组系统画面均可进行本机组相关控制选择,包括远程/近控方式、机组开启选择,目标温湿度设定、变频器频率等设定,远程手动干预电加热、电加湿等的投切。

各空调机组系统重要参数均在工艺流程图上实时、动态显示,包括阀门状态、风机启停状态、初效/中效过滤器状态、压缩机运行、电加热运行、热水加热运行、转轮除湿机运行、电加湿运行、加湿量、空调各段温湿度等参数。

① 空调机组状态及参数实时显示区:显示各空调机组状态,包括进风/送风机状态及其运行频率,冷凝风机状态,电加热状态,热水加热状态,电加湿状态,压缩机开启台数,氟高低压及其运行频率,转轮除湿机运行状态,初效/中效过滤器状态,新风温度、电加热/蒸发器后温度、送风温湿度,新风/送风/回风阀开闭状态等;显示北京时间(精确到秒)和空调机组运行时间(精确到秒)。

② 空调机组控制设置(装订)区:可进行机组控制方式选择(远控、近控)、工况选择(冬季、夏季、过渡)、远控开关机、送风机频率装订、目标温湿度装订、新风电加热后温度装订;同时考虑到手动控制需求,设置了新风电加热、电加热、微调电加热、电加湿的手动控制允许及相应的控制按钮。

③ 报警信号区:该区将机组 PLC 采集到的报警信号进行显示,当有某个报警信号时,该报警信号指示灯变为红色,无报警时指示灯为灰色。

④ 页面切换区:设置了其他空调机组画面的切换按钮,可通过点击相应按钮实现其他空调机组状态的巡视监控。

(1) 首页画面

首页画面为空调监控系统总体画面,显示各组合式机组的位置、运行状态、进/送风温湿度、报警状态、关键参数,以及各层送风阀、回风阀开关状态,同时显示保障区的各测点温湿度情况。

在画面上点击某机组图标,画面会自动切换到该空调机组画面,也可以点击画面下方机组选择按钮实现画面切换。首页画面示意图如图 6.25 所示。

(2) 空调机组系统画面

空调机组系统画面(见图 6.26)可显示三台机组的压缩机、冷凝器、过滤器、电加热、热水加热、电加湿、风机等部件的运行状态,并将相关重要参数及故障报警状态在对应位置进行实时显示。同时,可进行远程/近控方式选择、远控开关机、工况选择、参数设定、手动干预等参数装订操作。

其中,参数装订操作具有密码保护功能,要求用户管理权限,只有系统管理员才

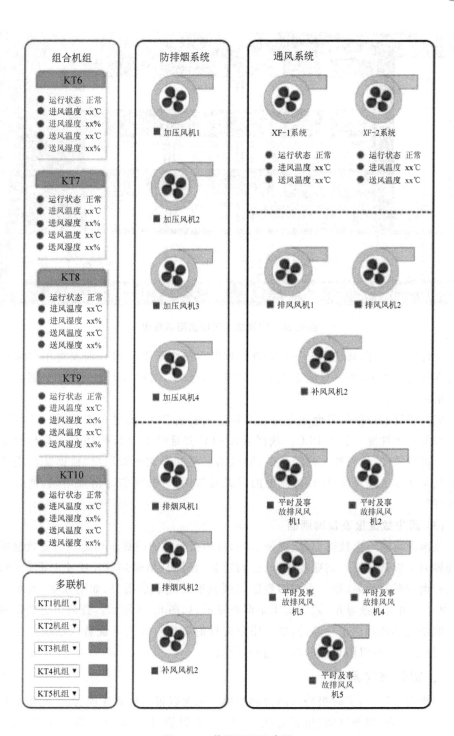

图 6.25　首页画面示意图

图 6.26　空调机组系统画面示意图

能够进行参数装订,其他用户只能够查看数据。在数据装入 PLC 前要对用户输入的数据进行范围约束,用户只能输入正常范围内的数字,对超出正常范围的数据和其他字符拒绝装订。

把要装订的数据从界面输入后并不是立刻装入 PLC,而是在按下"装入"按钮时才把数据一次性统一装入 PLC。数据装入 PLC 并延时 2 s 后,从 PLC 采集出刚装订的数据进行核实,如果核实结果正确,则以消息框的形式通知用户"数据装订成功";如果核实结果出现错误,则以消息框的形式通知用户"数据装订出现错误,请尝试重新装订"。

(3) 历史数据报表查询画面

该画面具有历史数据记录、查询、显示及历史趋势曲线显示功能。历史数据报表查询界面可以选择要查询哪些数据、查询的起始时间(精确到秒)、终止时间(精确到秒)、查询的时间间隔(秒),查询的数据以列表形式显示给用户,如图 6.27 所示。其中,模拟量用锯齿波显示,数字量用矩形波显示,如图 6.28 所示。查询历史数据时不能影响系统其他功能正常运行,如果用户选择的数据量较大可能造成系统运行缓慢时,应拒绝查询并以消息框的形式通知用户。

2. 实时报警画面

当出现报警时,实时报警画面自动弹出。画面以报表形式体现,报表元素主要包括代码、变量名、报警日期、报警时间、报警组、报警值、故障描述。若 PLC 检测到送风机变频故障、电机风扇故障、加湿器故障等故障信号,则上位机直接进行采集显示。无论上位机监控系统处于哪个画面,只要任何一个故障信号出现,均弹出报警小窗画

历史报表

操作类型

标准日报表10

报表时间: 2016-11-03

2016-11-4 16:11:30

	A0001	A0002	A0003	A0004	A0005	A0006	A0007	A0008	A0009	A00010	A00011	A00012	A00013	A00014	A00015	A00016	A00017	A00018
点描述	电磁流量计1	电磁流量计2	电磁流量计3	电磁流量计4	电动调节阀…	电动调节阀…	电动调节阀…	压力式液位…	压力式液位…	压力式液位…	温度传感器…	温度传感器…	温度传感器…	压力传感变…	压力传感变…	压力传感变…	压力传感变…	G区测试点
量纲	升/小时	升/小时	升/小时	升/小时	%	%	%	mm	mm	mm	℃	℃	℃	KPa	KPa	KPa	KPa	MPa
00:00:00	1.00	1.00	1.00	1.00	1.00	1.00	1.00	1.00	1.00	1.00	1.00	1.00	1.00	1.00	1.00	1.00	1.00	1.00
01:00:00	2.00	2.00	2.00	2.00	2.00	2.00	2.00	2.00	2.00	2.00	2.00	2.00	2.00	2.00	2.00	2.00	2.00	2.00
02:00:00	3.00	3.00	3.00	3.00	3.00	3.00	3.00	3.00	3.00	3.00	3.00	3.00	3.00	3.00	3.00	3.00	3.00	3.00
03:00:00	4.00	4.00	4.00	4.00	4.00	4.00	4.00	4.00	4.00	4.00	4.00	4.00	4.00	4.00	4.00	4.00	4.00	4.00
04:00:00	5.00	5.00	5.00	5.00	5.00	5.00	5.00	5.00	5.00	5.00	5.00	5.00	5.00	5.00	5.00	5.00	5.00	5.00
05:00:00	6.00	6.00	6.00	6.00	6.00	6.00	6.00	6.00	6.00	6.00	6.00	6.00	6.00	6.00	6.00	6.00	6.00	6.00
06:00:00	7.00	7.00	7.00	7.00	7.00	7.00	7.00	7.00	7.00	7.00	7.00	7.00	7.00	7.00	7.00	7.00	7.00	7.00
07:00:00	8.00	8.00	8.00	8.00	8.00	8.00	8.00	8.00	8.00	8.00	8.00	8.00	8.00	8.00	8.00	8.00	8.00	8.00
08:00:00	9.00	9.00	9.00	9.00	9.00	9.00	9.00	9.00	9.00	9.00	9.00	9.00	9.00	9.00	9.00	9.00	9.00	9.00
09:00:00	10.00	10.00	10.00	10.00	10.00	10.00	10.00	10.00	10.00	10.00	10.00	10.00	10.00	10.00	10.00	10.00	10.00	10.00
10:00:00	11.00	11.00	11.00	11.00	11.00	11.00	11.00	11.00	11.00	11.00	11.00	11.00	11.00	11.00	11.00	11.00	11.00	11.00
11:00:00	12.00	12.00	12.00	12.00	12.00	12.00	12.00	12.00	12.00	12.00	12.00	12.00	12.00	12.00	12.00	12.00	12.00	12.00
12:00:00	13.00	13.00	13.00	13.00	13.00	13.00	13.00	13.00	13.00	13.00	13.00	13.00	13.00	13.00	13.00	13.00	13.00	13.00
13:00:00	14.00	14.00	14.00	14.00	14.00	14.00	14.00	14.00	14.00	14.00	14.00	14.00	14.00	14.00	14.00	14.00	14.00	14.00
14:00:00	15.00	15.00	15.00	15.00	15.00	15.00	15.00	15.00	15.00	15.00	15.00	15.00	15.00	15.00	15.00	15.00	15.00	15.00
15:00:00	16.00	16.00	16.00	16.00	16.00	16.00	16.00	16.00	16.00	16.00	16.00	16.00	16.00	16.00	16.00	16.00	16.00	16.00
16:00:00	17.00	17.00	17.00	17.00	17.00	17.00	17.00	17.00	17.00	17.00	17.00	17.00	17.00	17.00	17.00	17.00	17.00	17.00
17:00:00	18.00	18.00	18.00	18.00	18.00	18.00	18.00	18.00	18.00	18.00	18.00	18.00	18.00	18.00	18.00	18.00	18.00	18.00
18:00:00	19.00	19.00	19.00	19.00	19.00	19.00	19.00	19.00	19.00	19.00	19.00	19.00	19.00	19.00	19.00	19.00	19.00	19.00
19:00:00	20.00	20.00	20.00	20.00	20.00	20.00	20.00	20.00	20.00	20.00	20.00	20.00	20.00	20.00	20.00	20.00	20.00	20.00
20:00:00	21.00	21.00	21.00	21.00	21.00	21.00	21.00	21.00	21.00	21.00	21.00	21.00	21.00	21.00	21.00	21.00	21.00	21.00
21:00:00	22.00	22.00	22.00	22.00	22.00	22.00	22.00	22.00	22.00	22.00	22.00	22.00	22.00	22.00	22.00	22.00	22.00	22.00
22:00:00	23.00	23.00	23.00	23.00	23.00	23.00	23.00	23.00	23.00	23.00	23.00	23.00	23.00	23.00	23.00	23.00	23.00	23.00

选择报表 显示报表 保存当前报表

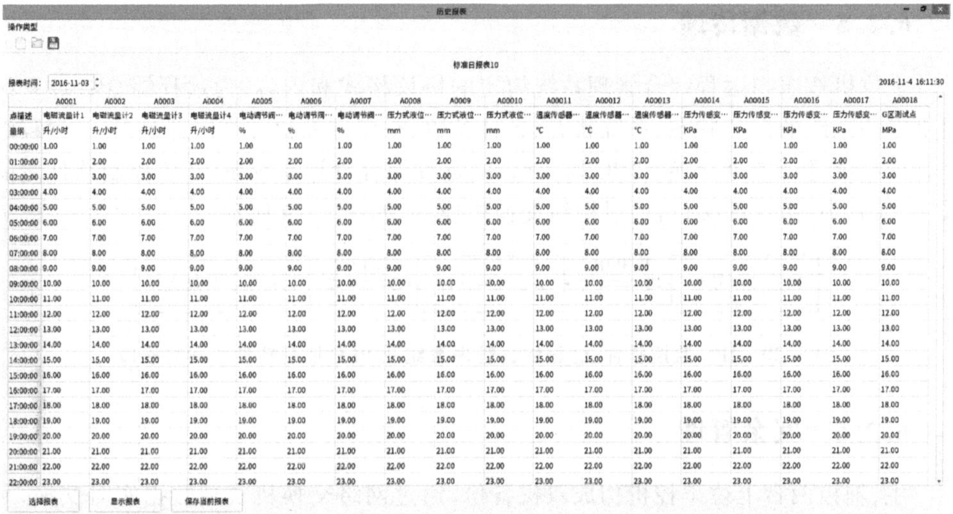

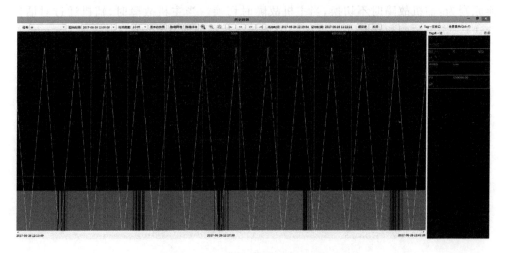

图 6.27　历史数据报表查询画面示意图

图 6.28　历史数据查询画面示意图

面进行报警显示。报警画面具备确认、忽略、退出等功能。双击浮动小窗后可显示最新报警信息。报警信息元素包括报警等级、报警日期和时间、变量名、单位、报警值、故障描述、报警描述。

报警管理可显示所有报警记录详细信息,还可进行筛选、查询,确认等操作。

3. 寿命监测画面

寿命监测画面显示各空调机组控制系统重要接触器、继电器动作次数记录,画面按机组分区进行显示。该画面以报表的形式实时显示 PLC 记录的空开、继电器、接触器的动作次数。可以通过查询历史数据报表来查看不同时间元器件的动作次数。

6.2.5 数据传递

上位机按照与远程综合管理系统约定的协议格式和内容,为远程综合管理系统提供空调系统的设备状态、系统状态、各种参数、空调进程状态等信息数据,与远程综合管理系统进行数据交换。IPC 监控软件、远程综合管理系统及 PLC 控制软件之间采用 TCP/IP 协议的接口,通过网络交换机连接,如图 6.29 所示。

图 6.29 IPC 监控软件、远程综合管理系统及 PLC 控制软件之间的接口

6.2.6 冗余管理

主、辅控两台上位工控机构成双机备份,通过网络交换机实现数据实时交换,可以切换两台上位工控机的主辅状态。两台上位工控机运行同一套软件,同时接收和处理信息,但同一时刻只有一台上位工控机作为主机向 PLC 发送控制信息。主辅切换原则为:辅机故障时不切换,当主机故障时切换。当主机故障时,辅机通过对话框确认后,接手控制权代替主机工作。主备冗余结构如图 6.30 所示。

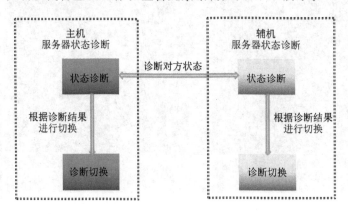

图 6.30 主辅冗余结构图

6.2.7 用户权限管理

用户权限管理设置一、二、三级用户权限。一级用户可通过输入该级别口令进入系统进行所有操作;二级用户可通过输入该级别口令进入系统进行开关机、参数装订、手动干预等操作;三级用户可通过输入该级别口令进入系统进行普通的监视值班操作。用户权限管理如表 6.4 所列。

表 6.4　用户管理权限表

用户级别	用户名	用户组	密码设置	安全区
一级用户	系统管理员	系统管理员组	密码保护	全部
二级用户	操作员	操作员组	密码保护	除组态之外的区域
三级用户	监视员	监视员组	密码保护	除组态和下发之外的区域

　　改动参数装订页面参数以及向 PLC 装订数据需要用户口令,当用户注销后禁止改变和装订参数,但是可以进入参数装订页面核实已装订参数。

第7章 空调相关标准规范

暖通空调制冷行业专业、专用或者涉及的常用现行标准规范十分庞杂,本章收集了记载有暖通空调制冷行业专业内容(章、节)及相关内容的国家标准 GB,国家标准建筑系列 GB50×××、GBJ,以及住房和城乡建设部(原建设部)行业标准 CJJ、CJ、JJ、ZBP、ZBJ 等的名录,并分为基础类,暖通空调一般设计规范,住宅及公共建筑类,专门工程建筑类,工程设计防火类,施工验收及质量检验评定类,环境保护、劳动卫生与安全类,其他类和国外相关标准共 9 类空调相关标准规范。

7.1 基础类

GB 3100—93《国际单位制及其应用》

GB 3101—93《有关量、单位和符号的一般原则》

GB/T 50001—2017《房屋建筑制图统一标准》

GB/T 50114—2010《暖通空调制图标准》

GB 50155—92《采暖通风与空气调节术语标准》

CJJ/T 55—2011《供热术语标准》

CJJ/T 65—2004《市容环境卫生术语标准》

GB 140—59《输送液体与气体管道的规定代号》

GB/T 4270—1999《技术文件用热工图形符号与文字代号》

GB 4457.5—2013～GB 4460—2013《机械制图》

GB 11943—2008《锅炉制图》

GB 50178—93《建筑气候区划标准》

JGJ/T 346—2014《建筑节能气象参数标准》

GB 50352—2019《民用建筑设计统一标准》

GB50300—2013《建筑工程施工质量验收统一标准》

GB/T 16732—1997《建筑采暖通风空调净化设备 计量单位及符号》

GB/T 16803—2018《供暖、通风、空调、净化设备术语》

03SR 113《中央液态冷热源环境系统设计施工图集》

GB/T 16803—2018《供暖通风空调净化设备术语》

GJB 361B—2015《控制电机通用规范》

GB/T 50114—2010《暖通空调制图标准》

GB/T 18517—2012《制冷术语》

7.2 暖通空调一般设计规范

GB 50019—2003《采暖通风与空气调节设计规范》

SL 490—2010《水利水电工程采暖通风与空气调节设计规范》

GB 50028—2006《城镇燃气设计规范》

GB 50176—2016《民用建筑热共设计规范》

GB 50189—93《旅游宾馆建筑热工与空气调节节能设计标准》

GB 50264—2013《工业设备及管道绝热工程设计规范》

JGJ 26—95《民用建筑节能设计标准(采暖居住建筑部分)》

CJJ 34—2016《城市热力网设计规范》

GB 4272—92《设备及管道保温技术通则》

GB 8175—87《设备及管道保温设计导则》

GB/T 11790—1996《设备及管道保冷技术通则》

GB 50073—2013《洁净厂房设计规范》

GB 50019—2015《工业建筑供暖通风与空气调节设计规范》

GB 50736—2012《民用建筑供暖通风与空气调节设计规范》

GB 21455—2019《房间空气调节器能效限定值及能效等级》

TY 02—31—2015《通用安装工程消耗量定额:第七册 通风空调工程》

GB 50856—2013《通用安装工程工程量计算规范》

JB/T 7658.13—2006《氨制冷装置用辅助设备 第 11 部分:中间冷却器》

GBT 19411—2003《除湿机》

JB/T 10538—2005《防爆除湿机及空调机》

JB 9063—1999《房间风机盘管空调器安全要求》

JB/T 17768—2007《空调水系统用电动阀门》

GB 19210—2003《空调通风系统清洗规范》

DB43/T 1175—2019《集中空调通风系统清洗消毒服务规范》

JB/T 9070—2017《空调用风机平衡精度空调用风机平衡精度》

GB 10080—2001《空调用通风机安全要求》

JB/T 10648—2006《空调与冷冻设备用制冷剂截止阀》

GB/T 17791—2017《空调与制冷设备用铜及铜合金无缝管》

JBT 10503—2017《空调与制冷用高效换热管》

GBT 19410—2008《螺杆式制冷剂压缩机》

JB/T 10212—2011《制冷空调用直动式电子膨胀阀》

JB/T 8701—2018《制冷用板式换热器》

JB/T 6918—1993《制冷用金属与玻璃烧结液位计和视镜》

NB/T 47012—2020《制冷装置用压力容器》

GB/T 23682—2009《制冷系统和热泵软管件、隔震管和膨胀接头要求、设计与安装》

20061812—T—469《制冷机组及供制冷系统节能测试 第1部分:冷库》

GB/T 9237—2017《制冷系统及热泵 安全与环境要求》

AQ 7004—2007《制冷空调作业安全技术规范》

GB 50365—2019《空调通风系统运行管理规范》

GB 50038—2005《人民防空地下室设计规范》

7.3 住宅及公共建筑类

GB 50038—2005《人民防空地下室设计规范》

GB 50096—2001《住宅建筑设计规范》》

GB 50099—2011《中小学建筑设计规范》

GB 50157—2013《地下铁道设计规范》

GB 50174—2018《电子计算机机房设计规范》

GB 50226—2016《铁路旅客车站建筑设计规范》

JGJ 25—2010《档案馆建筑设计规范》

JGJ 36—2016《宿舍建筑设计规范》

JGJ 38—2015《图书馆建筑设计规范》

JGJ 39—2021《托儿所、幼儿园建筑设计规范》

JGJ/T 40—2019《疗养院建筑设计规范》

JGJ/T 41—2014《文化馆建筑设计规范》

JGJ 48—2014《商店建筑设计规范》

GB 51039—2014《综合医院建筑设计规范》

JGJ 57—2016《剧场建筑设计规范》

JGJ 58—2008《电影院建筑设计规范》

GB/T 51402—2021《城市客运交通枢纽设计规范》

JT/T 200—2020《汽车客运站级别划分和建设要求》

JGJ/T 60—2012《交通客运站建筑设计规范》

JGJ 62—2014《旅馆建筑设计规范》

JGJ 64—2017《饮食建筑设计规范》

JGJ 66—2015《博物馆建筑设计规范》

JGJ 67—2019《办公建筑设计规范》

JGJ 86—92《港口建筑设计规范》

JGJ 91—2019《科研建筑设计规范》

7.4 专门工程建筑类

GB 5029—2014《压缩空气站设计规范》

GB 50030—2013《氧气站设计规范》

GB 50031—1991《乙炔站设计规范》

GB 50041—2020《锅炉房设计规范》

GB 50049—1994《小型火力发电站设计规范》

GB 50053—1994《10 千伏及以下变电所设计规范》

GB 50059—2011《35～110 千伏变电所设计规范》

GB 71—2014《小型水力发电站设计规范》

GB 72—2021《冷库设计规范》

GB 73—2013《洁净厂房设计规范》

GB 74—2014《石油库设计规范》

GB 50156—1992《小型石油库及汽车加油站设计规范》

GB 50177—1993《氢氧站设计规范》

GB 50195—2013《发生炉煤气站设计规范》

GB 50457—2019《医药工业洁净厂房设计规范》

7.5 工程设计防火类

GB 50016—2014《建筑设计防火规范》

GB 50045—2015《高层民用建筑设计防火规范》

GB 50067—2014《汽车库、修车库、停车场设计防火规范》

GB 50098—85《民用爆破器材工厂设计安全规范》

GB 50098—98《人民防空工程设计防火规范》

GB 50154—92《地下及覆土火药炸药仓库设计安全规范》

GB 50161—2009《烟花爆竹工厂设计安全规范》

7.6　施工验收及质量检验评定类

GB 50274—2010《制冷设备、空气分离设备安装工程施工及验收规范》

GB 50094—2010《球形储罐施工及验收规范》

GB/T 50185—2019《工业设备及管道绝热工程施工及验收规范》

GB 50184—2011《工业金属管道工程质量检验评定标准》

GB/T 50185—2019《工业设备及管道绝热工程检验评定标准》

GB 50231—2019《机械设备安装工程施工及验收规范：第五册　压缩机、风机、泵、空气分离设备安装》

GB 50184—2011《工业金属管道工程施工质量验收规范》

GB 50236—2011《现场设备、工业管道焊接工程施工及验收规范》

GBJ 242—82《采暖与卫生工程施工及验收规范》

GB 50243—2016《通风与空调工程施工及验收规范》

GB 50252—94《工业安装工程质量检验评定统一标准》

GBJ 302—82《建筑采暖卫生与煤气工程质量检验评定标准》

GB 50243—2016《通风与空调工程质量检验评定标准》

GBT 50252—2018《工业安装工程施工质量验收统一标准》

GB 50591—2010《洁净室施工及验收规范》

CJJ 28—2014《城市供热管网工程施工及验收规范》

CJJ 33—2005《城镇燃气输配工程施工及验收规范》

CJJ 28—2014《城市供热管网工程质量检验评定标准》

CJJ 63—2018《聚乙烯燃气管道工程技术规程》

GB/T 8174—2008《设备及管道保温效果的测试与评价》

JG/T 19—1999《层流洁净工作台检验标准》

GB 50242—2016《建筑给水排水及采暖工程施工质量验收规范》

12K 101—1～3《通风机附件安装》

GB/T 19412—2003《蓄冷空调系统的测试和评价方法》

JB/T 9058—1999《制冷设备清洁度测定方法》

GB/T 7941—2019《制冷装置试验》

7.7　环境保护、劳动卫生与安全类

GBJ 4—73《工业"三废"排放试行标准》

GB 18871—2002《电离辐射防护与辐射源安全基本标准》

GBZ 1—2010《工业企业设计卫生标准》

GB/T 50087—2013《工业企业噪音控制设计规范》

GBJ 122—1988《工业企业噪音测量规范》

GB/T 1576—2018《低压锅炉水质标准》

GB 3095—2012《大气环境质量标准》

GB 3096—93《城市区域环境噪音标准》

GB 3869—1977《体力劳动强度分级》

GB 5468—91《锅炉烟尘测试方法》

GB/T 5701—2008《室内热环境条件》

HJ 492—2009《空气质量 词汇》

GB 6921—1986《大气飘尘浓度测试方法》

GB 9670—1996《商场(店)、书店卫生标准》

GB 13271—2014《锅炉大气污染物排放标准》

GB 14554—1993《恶臭污染物排放标准》

GB 3096—2008《声环境质量标准》

GB/T 15190—2014《声环境功能区划分技术规范》

JB/T 4330—1999《制冷和空调设备噪声的测定》

7.8　其他类

GB 50032—2003《室外给水排水和燃气热力工程抗震设计规范》

GB 50044—1982《室外煤气热力工程设施抗震鉴定标准》

GB 50251—2015《输气管道工程设计规范》

GB 50253—2014《输油管道工程设计规范》

CJJ 51—2016《城镇燃气管网抢修和维护技术规程》

GB 2887—2011《计算机场地通用规范》

7.9　国外相关标准

DIN 18379—2016《德国建筑包工合同条例(VOB)　第 C 部分:建筑合同(ATV)通用技术规范　空调系统安装》

ETSI ES 202 336—6—2012《环境工程(EE)　基础设施设备的监控接口(电信网络中的电源冷却和建筑环境系统)　第 6 部分:空调系统控制与监测信息模型》

ASHRAE LO—09—031—2009《关于带有分层空调系统的大型建筑中气流分布的设计方法和最优化的讨论》

BS EN 13779—2004《非住宅建筑通风　通风和房间空调系统的性能要求》

NF L90—300—10—04—2016《航天工程　航天环境》

BS ISO 17761:2015《航天环境(天然和人造)　低海拔(300 km 至 600 km)的高能量辐射模型》

DIN EN 16603—31:2014《航天工程　热控制一般要求》

DIN EN 16603—34:2014《航天工程　第 34 部分:环境控制与生命保障(ECLS)》

ASHRAE QC—06—053—2006《在送风分布系统(UFAD)上的传热通路》

参考文献

[1] 陆德民.液体调节阀的压降估算和流量特性的选择[J].世界仪表与自动化,2002(2):32-34,58.

[2] 卫宏毅.制冷空调设备电气与控制[M].广州:广东科技出版社,2001.

[3] 中华人民共和国住房和城乡建设部 中华人民共和国国家质量监督检疫总局.工业建筑供暖通风与空气调节设计规范:GB 50019—2015[S/OL].[2015-5-11].

[4] 中华人民共和国住房和城乡建设部.通风与空调工程施工质量验收规范:GB 50243—2016[S/OL].[2016-10-25].

[5] 张祯,周治湖.空调自动设计基础及图例集[M].北京:中国建筑工业出版社,1993.